全国高职高专印刷与包装类专业教学指导委员会"十二五"规划教材

包装专业系列教材

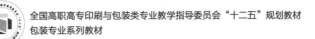

产品包装检测与评价

余成发　董娟娟◎主　编

郑美琴◎副主编

陈　新◎主　审

印刷工业出版社

内容提要

本书是"全国高职高专印刷与包装类专业教学指导委员会'十二五'规划教材"中的一本。

本课程是高等职业技术教育中包装技术、包装设计和艺术设计等专业职业能力课程。它的主要任务是:通过学习、实践,了解产品包装设计的基本步骤、工艺流程及设计方法和产品的基本报价、综合运用专业所学全部技能,完成对产品包装的临摹、设计改进与创新的综合实训工作,使学生掌握产品包装设计的基本理论和实践技能,达到包装设计师中级的基本要求,为学生毕业后适应相应岗位工作打下良好的专业基础。

本书理论与实践结合,可作为高等院校高职学生包装技术、包装设计和艺术设计等专业相关教材,也可作为相关培训教材及相关从业人员自学参考书。

图书在版编目(CIP)数据

产品包装检测与评价/余成发,董娟娟主编.-北京:印刷工业出版社,2012.7
全国高职高专印刷与包装类专业教学指导委员会"十二五"规划教材
ISBN 978-7-5142-0207-6

Ⅰ.产… Ⅱ.①余…②董… Ⅲ.产品包装－检测－高等职业教育－教材 Ⅳ.TB487

中国版本图书馆CIP数据核字(2012)第137554号

产品包装检测与评价

主　　编:余成发　董娟娟
副 主 编:郑美琴
主　　审:陈　新

责任编辑:张宇华		责任校对:岳智勇	
责任印制:张利君		责任设计:张　羽	

出版发行:印刷工业出版社(北京市翠微路2号 邮编:100036)
网　　址:www.keyin.cn　　www.pprint.cn
网　　店://pprint.taobao.com　www.yinmart.cn
经　　销:各地新华书店
印　　刷:北京多彩印刷有限公司

开　　本:787mm×1092mm　1/16
字　　数:203千字
印　　张:10.375
印　　数:1～3000
印　　次:2012年7月第1版　2012年7月第1次印刷
定　　价:39.00元
ISBN:978-7-5142-0207-6

如发现印装质量问题请与我社发行部联系　发行部电话:010-88275602　直销电话:010-88275811

全国高职高专印刷与包装类专业教学指导委员会"十二五"规划教材

包装专业系列教材

出版说明

近十几年来，我国高等职业教育发展恰逢历史性的发展机遇，国家在政策鼓励与财力投入上均给予了大力的支持。在蓬勃发展的历程中，高等职业教育迎来挑战，并不断进行改革。教育部高等职业教育的改革与发展纲要指出：高等职业教育的改革与发展要适应区域经济社会发展需要，坚持以服务为宗旨、以就业为导向、走产学研结合发展道路；要以提高质量为核心，加强"双师型"教师队伍建设、教育实训基地建设；要以"合作办学、合作育人、合作就业、合作发展"为主线，突出人才培养的针对性、灵活性与开放性，培养生产、建设、管理方面的高素质技能型专业人才。

高等职业教育的教材作为高等职业教育教学工作的重要组成部分，需要反映职业岗位对人才的要求以及学生未来职业发展的需求，体现职业性与实践性的特点，能满足培养学生综合能力的需要。包装专业高职教育偏重于培养应用型人才，所涉及的知识体系较为庞杂，而现有的大部分包装专业高职教育仍然沿用普通本科教育的教学内容和课程体系，难以满足包装行业及企业一线高技能人才培养需求。

为贯彻国家大力发展高等职业教育、培养高素质技能型专业人才的精神，顺应教育部对高等职业教育改革提出的新要求，全国高职高专印刷与包装类专业教学指导委员会（以下简称"教指委"）通过广泛调研北京印刷学院职业技术学院、天津职业大学、上海出版印刷高等专科学校、安徽新闻出版职业技术学院、深圳职业技术学院、江西新闻出版职业技术学院、中山火炬职业技术学院、郑州牧业工程高等专科学校、广东轻工职业技术学院等全国多所开设有包装专业的职业院校，在深入了解包装行业对人才的需求和各院校教学要求的基础上，规划了一套针对包装专业的高等职业教材——"全国高职高专印刷与包装类专业教学指导委员会'十二五'规划教材"。这套教材包含《包装概论（职业入门）》《包装CAD》《包装装潢设计与制作》《包装设计》《包装实用英语》《包装印刷》《纸箱生产技术》《产品包装检测与评价》《包装产品成本核算》等，出版工作由印刷工业出版社承担，将于2011～2012年期间陆续出版。

一、教材体系重构

为适应教育部对高等职业教育改革的需要，以及各院校教学和人才培养的要求，实现教学与岗位的有机衔接，同时兼顾个性需要，该套教材进行了模块化的体系划分，分为基础课、专业核心课和专业选修课。为了实现教材的针对性、实用性，教材的内容均通过对包装行业及职业岗位群的深入调研与分析确定，各院校可根据区域经济的实际情况灵活安排教学内容，选择使用相应教材。

二、教材特色

全国高职高专印刷与包装类专业教学指导委员会"十二五"规划教材（包装专业系列教材）是一套适应高等职业教育教学改革发展趋势、真正体现职业教育理念的教材，具有以下几方面的特点。

1. 新锐的教学理念

教材以"工学结合、能力为本"的教育理念为指导，将教材内容与行业和企业对人才的要求紧密相连，以职业岗位要求为内容主线，使教学内容与教学过程真正体现职业性与应用性，提升学生的职业素养和就业能力。

2. 系统的教学体系

教材紧扣高等职业教育改革的要求，从行业的实际情况出发，突破了原有的高等职业教育是本科教学体系的简缩版的局限，在基础性专业课程之外，增加了一些特色课程，如包装丝印工艺、凹版印刷技术、纸箱生产技术、包装产品成本核算等，使得不同层次、不同类别的学校，可根据地域差别、教学条件差别、个性需要进行组合，因需施教。

3. 职业的内容设计

教材在对行业、企业和院校广泛调研的基础上，确定了教材的编写方案，根据企业的实际生产流程、典型的工作任务来设计教材内容，坚持"知识＋能力＋技术"一体化的原则，实现"教中学，学中做"的有机融合。

4. 强大的编写队伍

教材采用"骨干教师＋企业技术人员"的编写队伍，以确保教材的实用性。同时为了保证教材的通用性和促进行业发展以及各院校之间的教学交流，组织了全国实力雄厚的院校教师和知名企业的技术人员参与编写，形成了实力雄厚的编写团队。

5. 立体化的教学资源

为方便教师备课与授课，促进教师与学生之间的互动与交流，每本教材均配有相应的PPT课件。

这套教材的出版标志着教指委规划的"十二五"包装高职教材的编写工作迈出了实质性的第一步，希望教材编审委员会和有关院校在总结已有经验的基础上继续做好后续教材的编写工作。同时，由于教材编写是一项复杂的系统工程，难度很大，希望有关院校在使用过程中将教材的问题及时反馈给我们，也希望行业专家不吝赐教，以利我们继续做好教材的修订工作，真正编写出一套能代表当今产业发展需求，体现职业教学特点的教材。

全国高职高专印刷与包装类专业教学指导委员会

2011 年 8 月

课程设置

课程名称：产品包装检测与评价

适用专业：包装技术与设计、电脑艺术设计

建议学时：36学时（12学时理论教学、24学时实践教学）

课程目的

本课程是高等职业技术教育中包装技术与设计、电脑艺术设计等专业职业能力课程。它的主要任务是：通过学习、实践，了解产品包装设计的基本步骤、工艺流程、设计方法和产品的基本报价，综合运用专业所学全部技能，完成对产品包装的临摹、设计改进与创新的综合实训工作，使学生掌握产品包装设计的基本理论和实践技能，达到包装设计师中级的基本要求，为学生毕业后适应本岗位工作打下良好的专业基础。

课程教学的基本要求

学生在教师指导下，借助教材，根据具体产品包装对包装容器的结构、加工流程等进行分析，并进行评价和反馈。在规定时间内完成产品包装的结构图绘制、拼大版、3D成型、盒样输出等操作，符合时间，操作规范。对给定数量的产品包装进行估价、用常见的检测设备进行必要的检测，对检测结果进行数据分析和比较。

通过本课程的学习，学生应该形成：具有进行产品的主题设计和文案编写能力；具有根据产品的特点进行包装容器造型、结构设计能力；具有根据展示功能进行产品的展示设计能力；能够借助检测设备分析产品包装质量；能够根据产品的数量提供基本价格；能够与客户进行良好的沟通并具有较强的卖稿能力。

（1）理论知识要求

学生通过学习理论知识，具有产品包装结构设计、包装装潢设计、包装造型设计的能力，对产品展示设计有一定的认识和理解，了解基本检测设备的操作原理、报价原理和评价的基本方法。

（2）实操技能要求

通过学习和实操，学生应达到包装设计师中级工的要求，能够以独立或小组合作形式，对产品包装进行综合的检测和评价。

（3）职业态度要求

具有良好的团队合作精神。

加强职业道德教育，具有干一行爱一行做好一行的职业观念。

具备一定道德素质修养，能很快适应社会、融入社会。

学习指导

在学习本教材之前，应了解包装设计的基本知识，掌握包装结构设计基本方法和技巧；能够使用包装装潢设计软件进行装潢设计；掌握包装工艺流程，掌握包装材料的基本性能和特点等。本教材以市场上典型的产品包装案例为项目，以Photoshop,Color Draw,Illustrator,Acrobat,ArtiosCAD7.60等软件为操作工具，全面系统地介绍包装设计师完成产品包装设计工作的流程，以及每一个环节的具体检测和评价要求。在教学实施过程中，可以通过教师演示、学生动手模仿制作、教师讲解、自评互评等环节，来引导和指导学生的学习。

教学学时分配

在教学中要积极改进教学方法，以学生为主体，根据实际情况，以来源于企业实践生产一线产品为典型案例，采用基于企业实际生产流程的情境设定，采用项目教学法，在实际教学中积极引导学生的主动参与，培养团队协作能力，利用现代化的手段，增强学生的感性认识。

序号	教学内容		建议学时
1	模块一　产品包装的检测与评价流程	项目一　产品包装设计方案制作	4
2		项目二　产品包装加工工艺流程	
3		项目三　产品包装检测与评价	
4		项目四　产品包装计价	
5		项目五　产品包装客服工艺员操作规范	
6	模块二　纸盒包装检测与评价	项目一　折叠包装纸盒的方案设计	12
7		项目二　折叠纸盒的工艺设计分析	
8		项目三　封合质量过程控制与检测	
9		项目四　印刷质量检测	
10		项目五　纸盒包装成本计价	
11		项目六　纸盒包装优化方案	
12	模块三　瓦楞纸箱包装检测与评价	项目一　瓦楞纸箱的生产	10~12
13		项目二　瓦楞纸箱的检测与评价	
14		项目三　瓦楞纸箱计价	
15		项目四　纸箱包装优化	
16	模块四　产品软包装的检测与评价	项目一　油炸食品软包装袋的设计	6~8
17		项目二　油炸食品软包装袋质量检测与评价	
18		项目三　油炸食品软包装袋计价	
19	模块五　其他包装容器的检测	项目一　金属包装容器的检测与评价	2
20		项目二　玻璃包装容器的检测与评价	
总计			34~38

本课程实践性较强，鉴于平时学习过程的重要性，且有一系列的能力训练项目贯穿始终，教学课时以四学时为一时间段。考核建议以平时课堂学习、实训为主，期末考试为辅的形式，平时成绩占20%，项目制作成绩占50%，期末考试占30%。具体比例如下：

项目编号	内容	分数	项目编号	内容	分数
1	出勤	10分	3	项目制作	50分
2	课堂参与	10分	4	期末考试	30分

Preface 前 言

随着产品种类的多样化，产品包装的功能越来越细化，作为产品信息的主要载体的产品包装，也就变得越来越重要。鉴于此，在多年的产品包装设计和生产教学中，我们逐步创建了"学生为主体、教师为主导、实践为主线、能力为目的"的教学观念，合理地将教学内容划分为相应的模块，以项目教学为模式，打破原有的学科型的课程教学体系，以工作过程为基础，重构专业及课程体系，本着"教—学—做"一体化的培养目标，积极探索新途径与新方法，大胆改革教学手段，改善教学条件，力争面向市场。经过多年来对项目教学法的研究与实践，结合各高职院校的特点和企业生产实践流程，在印刷工业出版社的大力协助下，我们组织编写了这本符合高职教育特点的《产品包装检测与评价》。

《产品包装检测与评价》是基于培养职业资格包装设计师（四级）的总体要求而编写的教材。该教材主要从包装设计员岗位要求出发，分析包装设计员根据商品包装客户的要求制作包装容器的过程。通过模仿现有的典型产品包装，从产品包装的设计思想、设计过程、产品盒型切样到给商品包装客户进行分析，让客户选出最佳的设计制作方案（包括生产加工设备、包装成品检测范围、产品估价等）。本书分为五个模块：模块一为包装设计师的产品包装设计的工作流程和要求；模块二为典型的纸盒产品设计加工检测；模块三为典型的纸箱产品设计加工检测；模块四为典型的软包装产品设计加工检测；模块五为金属包装容器和玻璃包装容器检测。通过这些模块的学习，让学生能掌握达到包装设计员岗位的生产要求。

本教材特色有以下几点：案例来源于市场上典型的产品包装，具有较强的实用性和针对性；以项目的形式来实施教学，贯彻"做中学、学中教"的教育理念，符合高职教学要求；典型案例贯穿整本教材，学生的学习兴趣增强，学习知识的积极性和主动性将会得到提高；本书提供了较为翔实的结构图样图、项目素材和多媒体课件，学生能够直观地调用、使用图库和课件，便于自主学习。

教材内容的选取可以考虑专业的特点，进行有针对性的删减，对于包装设计专业和从事包装设计工作的从业人员，可以按照教材内容进行全面有系统的学习。对以包装技术为方向的学生，则以模块一全面了解，模块二可以选取项目二、项目三、项目四和项目五，模块三中项目一、项目二和项目三、模块四中的项目二进行深层次的解析和实践，模块五可以作为拓展资料，学生自主学习。总之，要考虑到各院校的学生特点和专业培养目标的需要，有选择性地对教材内容进行选取，达到高职教育教学"够用、实用、适用"的原则即可。

本教材根据各教学环节需要，配备了PPT课件、项目素材和典型结构图图库（上述教学资源由出版社免费提供），以便于教师备课与授课，促进教师与学生之间的互动与交流。

本教材由安徽新闻出版职业技术学院余成发和董娟娟老师主编。模块一由余成发老师编写；模块二和模块四由安徽新闻出版职业技术学院郑美琴老师编写；模块三和模块五由董娟娟老师编写；附录由余成发老师整理。全书由余成发老师统稿，由中山火炬职业技术学院陈新教授主审。

本书在编写过程中得到了ESKO上海贸易有限公司、德国莱比锡应用技术大学、合肥中德印刷培训中心印刷厂、安徽安泰新型包装材料有限公司以及印刷工业出版社的大力支持和帮助。安徽新闻出版职业技术学院包装技术与设计专业教研室和实训中心的老师们也对此书的出版做了许多工作。在此，表示深深感谢。

由于编者水平有限，在编写过程中难免有疏漏之处，敬请广大读者多批评指正。

编者
2012年5月

Contents 目 录

产品包装检测与评价

模块一
产品包装的检测与评价流程

知识目标

了解包装设计师设计产品包装的基本工作流程；了解产品包装检测和评价的知识概要。

能力目标

掌握产品包装的设计方案的制作基本规则；能够根据客户的生产设备特点提出合理的加工工艺流程；能够根据包装材料、包装加工工艺和包装标准对产品包装进行必要的评价与检测；熟悉产品包装的估价；掌握产品包装客服工艺员操作规范。

情感目标

提高学生对包装产品设计的卖稿能力；增强协作能力。

包装是指在运输、储存、销售过程中，为了保护产品，以及为了识别、销售和方便使用，采用的容器、材料及辅助物等以及所进行的操作的总称。早在 18 世纪中叶，高档物品的包装就已经形成了，但是，当时包装的目的只是为了保护产品在运输过程中的安全，所以，最初包装设计业对产品的包装只是简单的安全性包装。19 世纪初，产品以批发零售方式进入市场空前繁荣，在低价的没有包装的商品中掺假的现象也随之出现。生产商们意识到低价的商品也需要包装来保证质量。虽然，当时人们对包装有了一定的认识，但是包装的目的还只是为了保护产品，也就是包装最初的作用。包装外型上也是单一的、千篇一律的。

随着包装材料的日益丰富，出现了纸、塑料、金属、玻璃、竹木、陶瓷、野生藤类、天然纤维、复合材料等包装材料，以及黏合剂、涂料、印刷材料等辅助材料。

纸类包装。纸类包装在我们的生活中非常普遍，由于它易变形、重量轻、扩展性强，所以，得到广泛使用，如图 1–1、图 1–2 所示。但是，对于提倡环保的今天，纸包装显然不被提倡。

图 1-1　卡纸包装盒

图 1-2　瓦楞包装盒

　　塑料包装。以树脂为主要成分，进行高温定型的包装。塑料虽然是一种新的包装材料。但是，它的使用率逐年增长，在一些发达国家塑料包装已经慢慢代替纸包装。

　　木材包装。木材是天然的材料，经过稍微的加工就可以用。通常分为硬木和软木两种。与纸材料一样，从环保的角度上来说，木包装不适合大量生产。

　　金属材料。起源于 100 多年前，1809 年法国人发明了食品罐藏法，1841 年，英国人发明了马口铁罐，从而开创了现代金属包装的历史。金属包装由于加工复杂，所以成本相对较高，使用率不是很高。

　　玻璃材料。玻璃质地硬而脆，特点是透明，容易加工，但是，非常容易损坏，应用得相对较少。

　　一个包装容器，除了有比较合理的造型设计和结构设计外，还要有优美的包装装潢设计，如图 1-3、图 1-4 所示。对于包装装潢的标准可以体现三个特性：群众性、销售性与文化性。

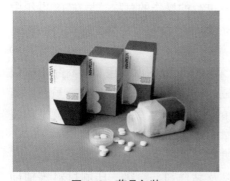

图 1-3　药品包装

图 1-4　饼干包装

　　群众性。商品要有自己的消费群，并且要努力扩大自己的消费群，这样才能使商品更有销路。包装装潢的设计者要使自己的产品具有群众性，就应当认真地替消费者着想，使包装成为消费者使用商品的得力助手和高明顾问，以更好地为消费群体服务。能够想办法吸引消费群是很重要的，只有消费群体的扩大才能带来更好的市场效益。

　　销售性。一个对于消费者没有使用价值的商品是不会得到市场和消费者认可的。

只有消费者需要的产品才能进入市场，才能谈到市场竞争。这是对于消费者来说的。但是，厂商生产的商品不一定是消费者都知道的和了解的，也就是说必须进行宣传和推广。因此，商品的包装就要表现出销售性，要把商品的性能和特色极力地进行宣传，引起消费者的兴趣。让消费者先对商品产生兴趣，引起消费者注意，使消费者增加购买商品的欲望。

文化性。包装装潢不仅要考虑到消费者的物质要求，同时也要考虑到消费者的心理要求。在包装装潢上要体现出文化性，使包装散发出一定的文化气息，具有一定的社会感染力。

我们所制作的包装设计产品要体现出现代感和时代感要求。比如，在今天我们依然能看到文化大革命时期的包装大都是用强烈的红色，这就是一段历史时期内，对商品包装的影响和商品对时代特征的反映。现代感是由人们的生活水平和审美观念来决定的。"现代感"是要超过我们现在的审美水平的，现在创新的意识已深入人心，人们已经意识到不创新就不会有发展，所以，我们都能接受新的事物，接受新的理念，比如现在一些特别超前的设计也逐渐被大家接受了。然而，我们在接受新事物的同时不能忘掉传统的元素。颜色、图案和制作材料上，前人都给我们留下了丰富的经验。精美的陶瓷酒罐、具有民族代表性的图案、有民族特色的文字，这些都能出现在包装设计产品上，都会给我们带来视觉的享受。

正如设计先驱 Maluhan 说过"媒介即信息"，那么我们也可以理解为"包装即产品"。艺术是以人为本的，特别地艺术设计是想象力和阅历的表现。设计人员对包装设计的灵感是无穷无尽的。同时，制作工艺的完善和更加丰富的新材料也会层出不穷的。所以，设计包装将会更加左右消费者的消费观念。相信在今后的生活中会有更美观、实用性更强的包装设计呈现在我们眼前。要成为一个被客户喜爱、商家认可的包装设计师，就应该熟悉包装设计师的工作要求、规范，掌握必要的基本技能。通过不断学习、总结和提高，设计的包装才能被更多的消费者喜爱，为丰富我们的生活做出更大的贡献。我们通过表 1-1 来了解一个包装设计师的工作要求。

表 1-1 某公司的包装设计师工作说明

职位名称	包装设计师	所属部门	技术研发部	直接上级	技术研发部经理
薪金标准	底薪 XX+ 设计项目提成	直接下级	无		
工作描述					

工作概要

　　负责包装印刷图案设计、包装图案设计，组织设计，改善、改进包装结构、包装工艺、使产品包装达到包装设计专业标准。

工作职责

　　1. 协助技术研发经理制定本部门发展规划和年度工作规划；

　　2. 主持完成成品及半成品的包装结构设计，与供应商协调，对包装结构进行打样和完成包装试验；

续表

3. 制作包装结构文件（产品包装方式文件、产品堆放文件、包装结构文件、材料 BOM 等相关文件）并及时更新文件及相关数据资料；

4. 承担设计方案中的外观设计工作，即外观造型、配色方案设计，容量大小设计，条码设计，包装材料设计工作，并负责对相应设计工作进行审核鉴定；

5. 收集客户对包装结构相关的抱怨信息，并进行处理和改进；

6. 组织各类包装改进项目，如对包装材料、包装工艺的改进等；

7. 参与采购进行的包装改进和项目（供应商的技术质量认证，提供包装信息等）；

8. 为公司其他部门提供对包装和设计的支持；

9. 收集包装类的信息，跟踪竞争者包装的动态，跟踪工业设计新概念，收集行业市场的工业设计信息，为技术研发经理参与决策提供信息支持。

工作规范

教育背景：设计或相关专业大专以上学历。

经　　验：有包装结构设计经验者优先。

技能技巧：熟练操作相关设计软件 Photoshop、Color Draw、Illustrator、Acrobat 等；

　　　　　熟悉电脑操作系统（包括 PC 和 MAC）；

　　　　　了解包装相关知识（印刷，结构和包装总体设计）。

态　　度：工作自主，有较强的学习能力；

　　　　　思路清晰，较强的沟通协调能力，具有良好的团队合作精神。

身体要求：具有设计表现能力，平面、空间想象能力，计算机应用设计能力，色觉正常，手指手臂灵活，良好的沟通能力。

工作条件

工作场所：办公室及生产现场

环境状况：舒适

工作时间：不定

危 险 性：无

下面概括地了解一下包装设计师对客户的商品进行包装容器制作的过程，并通过自己的描述让客户能采纳自己的设计作品。

项目一　产品包装设计方案制作

在现代商业社会中，包装不仅成为产品一个最重要的元素，同时还成为城市流行文化的重要载体。我们在终端产品中可以看到现代包装产品千变万化与五彩缤纷，而在新产品要素竞争中，包装所代表的品牌文化与价值体系也越来越为消费者所重视。我们见到消费者在产品终端流连忘返，不仅是享受现代物质带给消费者的物质满足，也是在追求现代包装带给消费者的精神愉悦。产品包装创新往往带给消费者前所未有的清新与提示，企业为满足消费者对于包装文化需要，不断在包装设计上推陈出新，创造了蔚为壮观的包装文化。那么如何来对一件商品进行设计形成一个产品包装，现以生活中常见的鸡蛋产品包装制作来了解产品包装设计方案制作的基本过程。鸡蛋包装及其效果图如图 1-5、图 1-6 所示。

图 1-5　鸡蛋包装

图 1-6　鸡蛋包装效果图

　　我国经济的稳固发展，使人们生活水平不断提高，有个性、新颖、独特的包装商品越来越被人们所喜爱和追求。然而，我国目前的鸡蛋销售包装发展状况并不理想。市面上那些稍具品牌的土鸡蛋、无公害鸡蛋，如"春蕾"牌鸡蛋、"德青源"鸡蛋等，通常采用有间壁功能的透明塑料盒，并由两个 U 型钉固定，贴上文字标贴，从而使消费者能够看到内容物是否损坏，色泽、质量如何。然而对于那些无品牌鸡蛋，几乎是没有包装，这些鸡蛋都是被直接放在简陋的纸浆模上，由消费者自行挑选，再放入塑料袋中，造成较多的破损。由此可见，鸡蛋的包装还很不成熟，没有树立起一个知名品牌，包装过于单一、简单，并缺乏个性，不能满足人们对特色商品包装的要求。这就反映出鸡蛋包装现阶段的不完善性，同时也显示出我国鸡蛋包装具有商机。

一、鸡蛋包装市场调查

　　市场调查是商家和包装设计师了解消费者需求的一种重要途径。设计师根据对企业目标市场中的消费者进行生理和心理上的综合分析，应作为确定设计方针的依据。市场学对市场分类包括：①人口统计参数（性别、年龄、收入、职业、文化程度、家庭人口等）；②地理参数（消费者居住地区的地理环境、气候条件、生活水平、传统风俗等）；③个性参数（消费者的嗜好、兴趣、人生观、性格、社交性、保守性等）；④购买行为参数（消费者的购买频率、购买动机、对商标信赖程度、对价格和广告的敏感性等）。

　　包装设计师要运用心理学原则分析影响消费者购买的各种因素，从而解决包装设计中包装尺寸多大，表现风格如何，商品如何进行标价和展销，系列性设计采用什么样的文字组合方式等问题。总之，以满足消费者"物质上的需要"，强化消费者感情上的需要来达到促销的目的，出奇才能制胜。目前市场存在着很多商品雷同性，因此，包装设计者应该创造出不存在差别的差别，从而使商品在繁多的同类商品竞争中获得消费者的注意。包装如不能在短短几秒之内吸引住消费者的视线，那么，所有美好的设想都等于零。

鸡蛋包装的市场调查是在设计前对市场发展进行了解，研究鸡蛋销售包装在现实中的现状和可行性，同时调查了解鸡蛋包装存在的问题，并了解人们所需的鸡蛋包装，以供设计时参考。通过对鸡蛋包装市场的调查，了解到大多数消费者对现在的鸡蛋包装不是很满意，认为运输很不方便。半数以上的消费者觉得鸡蛋作为商品应该具有自身的包装和品牌，并且消费者希望包装对于鸡蛋销售价格的影响不要太大。因此，在设计时要结合对鸡蛋销售包装的研究，考虑使用来源广泛的包装材料，采用既能有效地保护鸡蛋不受破损，又能不污染环境的包装方法。

1. 现有包装材料的分析

改革开放以来，许多企业对商品的包装设计极为重视，并且取得了一定的经济效益，出现了一些质量信得过，包装精美的名牌产品。但是有一些企业片面追求商品的外部包装效果，而忽视了产品本身的质量问题，缺乏环保意识，一味在包装上下工夫，为使商品豪华气派上档次，过分包装现象极为普遍，在消费市场我们常常可以看到一些商品包装材料超标，造成环境污染。如能使用纸质的，却使用塑料的；能使用塑料的，偏要用金属的；能使用薄型材料的，偏要用厚型材料。使消费者难见其商品的真面目，体积大，价格贵，许多工薪阶层的消费者，只能望而兴叹。过分的包装往往是商品的价值低于包装的价格成本，使得本末倒置。这种过分包装现象加重了消费者的经济负担。消费者在购买商品时会对商品的内在质量、价格、包装作综合考虑，不会把钱花在华而不实的包装上。

目前市场上的鸡蛋包装主要有两种，一种是蛋托，一种是透明的塑料盒。蛋托的材料一般为纸浆，它虽然可以减少运输中的破损率，起到衬垫的作用，但其结构与外观的美观性较差。透明塑料盒的材料很多，主要有 PET 盒和泡沫塑料盒等。虽然这些包装材料有很多的优点，但也存在不足之处。PET 在热水中煮沸容易降解；强酸、氯化烃等对其也有侵蚀作用；易带静电，且尚无适当的防静电的方法；不能热封；不仅结晶速度太慢而且加工的性能较差，并且价格比较高。虽然它能起到保护内装物的作用，但却在加工过程中过于烦琐，并且提高了商品的成本。泡沫塑料缺点是所占用的体积太大。且这两种包装材料从环保的角度看都会产生"白色污染"，不符合绿色包装的要求。

2. 确定包装设计的材料

商品包装设计应在包装的目标要求、市场要求、销售要求、材料要求、结构及其要素的合理选用等方面与商品生命周期间相配合，要形成最佳配比和系统优化的组合，以免造成资源的浪费，增加企业无效投入。如一种食用产品的有效周期是一年，那么对包装实施的功能保护技术及包装材料工艺的选择，其寿命也应与之相对应，避免过分包装或过弱包装，以获得最佳的综合效益来赢得市场。

当人们陶醉于工业革命为包装行业所带来的各项技术成果的时候，环境污染问题也悄悄走近了我们。人们开始意识到各种包装废弃物对大气、水源、土壤等造成的污染。在这种形势下，保护生态环境，倡导绿色包装设计的理念开始传播。设计师致力于人与自然环境的和谐统一，注重人性化设计和环境保护意识，使包装产品从原料选用、生产制造，再到产品的使用、回收利用，最大限度地节约能源，将资源转化为产品，使其有助于改善环境质量的同时创造更高的利润。合理设计产品的包装，对于优化资源配置有很重要的作用。

（1）纸品包装材料的广泛使用。众所周知，材料是现代科学技术的三大支柱之一，对新材料、新工艺的研究不但对产品设计的发展有着深远的意义，对整个社会都有着推动作用。产品工业设计的发展是以材料的发展为基础，材料是工业设计的一个重要制约因素。自原始社会的石器、陶器时代起，人类创造性的活动便离不开自然界存在的形形色色材料的制约。它既能让设计者的奇思妙想大放光彩，也能让设计的初衷被精密掩盖。对一个设计师而言，对材料的驾驭能力更能体现出其设计水平的高低。然而在现代材料的应用研发方面，人们大都把目光关注在新材料的开发上，往往忽视了一般传统材料，而它们经过一定的工艺、制造技术的改进之后也同样具有极大的应用潜力，纸材料的应用就是最好的实例。

纸作为一种绿色环保材料在工业设计领域的应用已很广泛，近些年来更是得到了很大的发展。在保护自然生态环境的绿色浪潮风起云涌的当今社会，设计所追求的不应仅仅是创造经济的繁荣与市场的昌盛，设计所关注的目光更多的应该转向如何为人类构造一个祥和的生活空间，如何引导人们返璞归真，与自然和谐。不论是人们的消费观念，还是企业的道德追求，都会积极倡导着绿色产品的普及应用。在这种时代背景上，对于纸的应用研究更显得尤为必要。

（2）纸在产品包装方面的应用。大多数纸材料在日常应用中，主要是利用了纸的弹性高、加工方便、制作工具简单、易于着色且颜色丰富、成本低、耐折、可塑性等特点。如传统日常用品风筝、灯笼、纸扇、纸伞、折纸玩具、节日饰品、礼品等。

纸的大量应用还包括包装设计等领域。产品包装设计主要考虑的因素有保护产品、展示功能、便于运输、符合生产规律、结构合理、节省空间、节省材料等。由于纸材料易加工，所以在纸包装设计中人们大都考虑一些简洁的设计方案，即采用将单张卡纸裁剪、开窗、黏结等加工方法，就可直接生产成品的结构方案。如利用纸张所具有的弹性，经过曲线弯曲，在张力的作用下各边互相挤压，增强抗压性能，往往可以形成不用任何胶黏剂的完成包装。常见的麦当劳、肯德基薯条包装盒等就是这种包装，这种包装在不用时可压扁成纸板，极大地节省空间，使用时按底部的曲线撑开，可以满足一定的强度和稳固性要求。纸的柔软性好、亲和性高，所以有些食品、服装等类商品的包装也大都采用纸包装来提升产品的形象。

通过以上的市场调查分析，所需设计的鸡蛋包装既要满足有效的保护鸡蛋、环保、替代目前的塑料盒包装，又能便于生产与制造。根据这些要求，可选用单瓦楞纸板或各种耐折叠纸板如白板纸，因其具有较高的强度、韧性、不易折断，可起到良好的保护作用。瓦楞纸板特别是彩色小瓦楞纸板，具有重量轻、防震与缓冲性好、成本低、印刷效果好、环保、便于生产与制造，而且有不同的花色品种可以增加包装的美观，简化装潢设计，减少印刷成本。纸盒黏合剂一般选用淀粉，它可以牢固地将纸板、瓦楞芯纸黏合在一起。

二、鸡蛋包装的设计

（一）鸡蛋包装的结构设计

根据对选取的 20 枚鸡蛋进行的测量，得出每枚鸡蛋的平均尺寸约为长 a=60mm、宽 b=40mm。鸡蛋被放置在盒体中，与盒壁间应有一定的间隔，以便于鸡蛋的取出与放入，同时也有利于避免鸡蛋在盒体内因紧密接触在震动冲击中受损。盒体中的鸡蛋通过隔衬分隔开，因而在计算尺寸时应将纸板厚度考虑进去。同时由于瓦楞纸有厚度，在折叠时会产生压痕尺寸，计算时也应作为考虑因素。为适应不同大小鸡蛋的包装，隔衬中间的椭圆孔也可以设计成带有一定弹性的（如沿边缘均匀分布一定数量和深度的辐射切口），并在鸡蛋放入后插入其中。

本设计方案的包装是内包装 8 枚鸡蛋的折叠纸盒。整个纸盒与隔衬采用彩色小瓦楞纸板。该结构主要是根据展示盒体结构设计而定，整体上将两个展示盒体结合在一起，而为了间隔、支撑与定位鸡蛋，增加分体式隔衬，提手为整体结构。盒身长度尺寸由具体装入鸡蛋的数量来决定，而隔衬的数量与鸡蛋的数量相同。使用时将隔衬的两端插入盒体底部的缝隙中。其结构示意图如图 1-7，隔衬图如图 1-8。

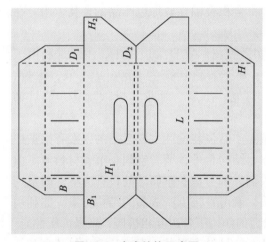

图 1-7　方案结构示意图

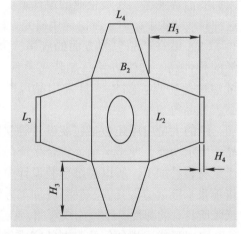

图 1-8　方案隔衬示意图

设每个鸡蛋在盒内时与盒壁的间隙为 Δ=2mm；纸板的折叠压痕尺寸为 X=1mm；切槽尺寸为 δ=1mm，最外侧切槽与侧棱的距离为 d=1mm，纸板厚度 t=1mm。

鸡蛋包装结构尺寸计算如下：

（1）包装盒的内部尺寸

$L' =(b+2\Delta+2\delta)\times 4+2d=(40+4+2)\times 4+2=186$mm

$B' =a+2\Delta=60+4=64$mm

B_1' 为盒体的外侧板尺寸，应大于盒体的内侧板，既能起到更好的支撑作用，又能美化外观。即 $B_1' > B'$，取 B_1' =80mm。

H' 为鸡蛋包装盒的最外侧挡板，起到使鸡蛋全面保护的作用，因此其尺寸应大于鸡蛋的短轴。即 $H' > b$，取 $H' =45$mm。

H'_1 为鸡蛋盒的内挡板，也是提手的位置，其尺寸应远远大于外挡板 H' 2 倍的大小，即 $H'_1 =90$mm，$H'_2 =9$mm，$D'_1 =30$mm，$D'_2 =20$mm。

（2）包装盒的制造尺寸

影响制造尺寸的数据只有 L、B、H，故只对其进行计算。

$L=L' +2X=186+2=188$mm

$B=B' +2X=64+2=66$mm

$H=H' +X=44+1=45$mm

（3）包装盒的外部尺寸

$L'' =L' +2t=188+2=190$mm

$B'' =B+2t=66+2=68$mm

$H'' =H+2t=45+2=47$mm

（4）隔衬尺寸

$L_2=60+2=62$mm

$B_2=40+2=42$mm

$H_3=40$mm

$L_3=30$mm

$H_4=2$mm

$L_4=20$mm

（5）手提设计

取手提长度为 70mm，宽度为 20mm，其中心线的距离为 15mm。能够满足手的提取尺寸。本方案的最终结构如图 1-9。

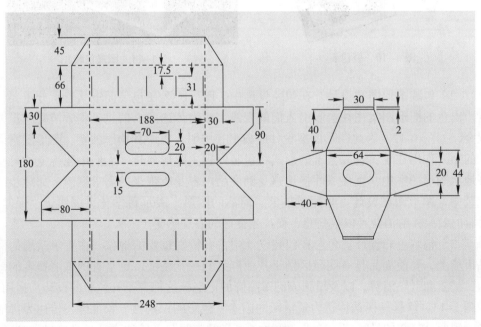

图 1-9　方案结构图

（二）鸡蛋包装的装潢设计

包装装潢设计是商品加工的延伸，是商品生产过程不可缺少的组成部分。商品包装装潢设计应在考虑商品特性的基础上，遵循保护商品、美化商品、方便使用等基本原则，使各项设计要素协调搭配，相得益彰，以取得最佳的包装设计方案。从营销的角度出发，品牌包装文字、图案和色彩设计是突出商品个性的重要因素，个性化的品牌形象是最有效的促销手段。

（1）包装文字设计。商品包装设计中的文字是向消费者传达商品信息最主要的途径和手段，其包含的内容有：商品名称文字、广告宣传性文字、功能性说明文字、资料文字等。作为包装装潢设计中最主要的视觉表现要素之一，字体设计可以在其结构上进行加工变化或者修饰，以加强文字的内在含义和审美表现力。如商品名称文字就可以根据不同商品特点进行设计，如食品月饼包装设计可以采用具有传统色彩的书法艺术来表现，西点可采用现代字体的变形处理等，如图1-10、图1-11所示。字体设计要特别注意，太过于怪异或采用已被禁止的繁体字都会给消费者带来不易识别的困扰。文字编排设计也应注意科学性，合理的位置、合理的大小，都是文字设计中应该考虑的问题。

图1-10　袋包装

图1-11　纸盒包装

（2）包装图形图案设计。在包装设计中，图形图案在包装面中具有十分重要位置。出色的图形图案往往会吸引人们的视线，成为传达商品信息、刺激消费的重要媒介，如图1-12。因此图形图案设计应典型、鲜明、集中和构思独特。图形图案设计的重要作用在于：它以艺术的形式将包装内容主题形象化，人们单凭视觉即可直观地从图形图案中，直接或间接地感受到商品内容及所带来的需求欲望。如化妆品包装中，图形图案设计可采用较抽象、简洁的图形，表示科学化、现代化、保健、美容的效果，给消费者以信任感，而产生良好的心理感受。

（3）包装色彩设计。色彩在包装设计中占有特别重要的地位。在竞争激烈的商品市场上，要使商品具有明显区别于其他产品的视觉特征，更富有诱惑消费者的魅力，刺激和引导消费，以及增强人们对品牌的记忆，这都离不开色彩的设计与运用，如图1-13。色彩是视觉传达力最活跃的因素。色彩的识别性、象征性、传达力都能影响到商品包装的最终传达效果，因此，色彩的应用既要美化商品，又要科学准确。

图 1-12　浓缩胶囊包装

图 1-13　石榴包装

色彩的象征性是商品包装色彩设计中最有影响力的因素。商品包装的色彩设计应当与商品的属性相配合。色彩设计应该能使消费者联想到商品的特点、性能。无论什么颜色，都应当以配合商品内容为基本出发点。根据商品包装的色彩，消费者能联想到包装中的商品，譬如绿色能体现绿茶饮料的本色，橘黄色则能体现橙汁的本色。否则就可能误导消费者，不利于商品销售。此外，不同的地域、不同的民族对色彩的认知和喜好都不一样，其象征意义也各自不同，所以在色彩的运用上，应该灵活，并要注意象征的准确性。

结合包装设计的要求，具体在鸡蛋包装上主要做到以下几点。

（1）品牌设计。每种商品都有自己的品牌商标，鸡蛋作为一种商品也有自己的品牌，而鸡蛋的品牌应让广大消费者听起来很亲切、很放心。

鸡蛋品牌设计中既要体现出无公害的意思，又要体现出有营养，更能体现鸡蛋的新鲜性。因为清晨母鸡生下的鸡蛋是最新鲜的鸡蛋，而且也是最健康、最营养的鸡蛋，所以我们可以将其取名为"晨丰"。取其清晨丰收、丰富营养之意。无公害的鸡蛋都是由无公害饲料的喂养下的高产鸡下的，因而使用这样的品牌名称切合鸡蛋的卫生健康性，并可以作为系列化设计用。

（2）图形设计。包装盒是为无公害鸡蛋制作，因而可以选用蓝天碧水草地图片为主背景图案，能够体现出其优良的生产环境，因而在盒片上制作一个绿色标志，增强其可信度。同时还要注意各板间的衔接性，使其看起来是一个完整的图形。

（3）文字设计。文字设计是为了让消费者一目了然地了解商品，更是对鸡蛋品牌的宣传。在对"天鲜配"设计时，将其用较大的字体，采用艺术字并且运用蓝色效果，这样看起来像突出于背景平面，同时为了使字体不那么生硬，将两个字进行适当的处理。"柴鸡蛋"三个字，也是要重点突出的地方，这三个字采用了内发光、阴影等效果，有一种层次感，并且使这三个字有立体的感觉。

对于在包装侧板所标明的产品标准、食品标准、卫生许可证、生产日期、保质期、厂商、厂地、销售热线等，因是对产品的相关事项作说明，只需要写清楚即可。一般使用正规的宋体字，也可以使这些项目在消费者的第一印象中起到一定的确信作用。具体的装潢设计效果如图 1-14、图 1-15。

图 1-14　方案装潢图

图 1-15　方案效果图

（三）鸡蛋包装的造型设计

造型设计是使用价值和美感作用于一体的包装外观造型。其制作的描述与包装盒结构设计图一起进行考虑。通常建议以能进行批量生产为主要考虑对象。

整个鸡蛋的产品包装设计方案，首先要通过对鸡蛋包装市场的调查分析，根据消费者对包装的要求，通过平时对其他商品的包装观察，对鸡蛋包装进行了独特结构设计。根据观察其他鸡蛋包装装潢设计，利用所学的装潢知识和图形图像处理方法，对鸡蛋包装作了简单却富有魅力的装潢设计。在设计过程中，可以用 AutoCAD、CorelDraw、Photoshop 等绘图工具，对设计的各部分进行制作、处理，成功地设计出几种鸡蛋的销售包装盒，供客户选择使用。

通过以上的包装设计方案的演示，包装设计师的设计可以从图 1-16、图 1-17所示流程图作为总结：印前流程、原稿处理流程和设计制作流程。

印前流程

原稿处理	设计	制作	拼版	印前检查①	出片打样	印前检查②
文字稿、图片稿按印前要求处理	整体方案	排版文件	拼版文件	屏幕、打印稿和文件检查	输出排版文件或拼版文件	胶片和打样检查

原稿处理流程

获取图片	裁图	调色①	色彩模式	调色②	分辨率	尺寸	画质	存储
扫描、拍摄使用图库等	裁掉杂边校正方向	RGB 模式下大范围调整	转 CMYK灰度或黑白二值	在最终色彩模式下细致调整	300dpi以上	根据将来印刷尺寸和出血量	去污锐化等	Tiff、eps格式

> #### 印前对图片原稿的基本要求
>
> 1. 文件格式：tiff、eps 或 pdf，通常用 tiff。
> 2. 色彩模式：四色印刷 8 位 / 通道 CMYK，单色印刷 8位 / 通道灰度。
> 3. 分辨率：不低于 300dpi。

设计制作流程

页面设置	页面尺寸：根据成品尺寸计算。 出血：3mm。 页数：根据折叠情况计算。
置入图片	确保图片和排版文件在同一个文件夹中。 图片格式、色彩模式、分辨率符合要求。 是否需要出血。
矢量图	标志、色块、线条在排版软件中画。 注意轮廓色、填充色的色彩模式。 注意黑色的色值。是否叠印。
文字	文字和段落样式符合排版常规。 字体：符合输出中心的规定。 文字颜色：注意色彩模式、黑色的色值、是否叠印。 文字是否转路径？
裁切标记 折叠标记	"3mm 出血 3mm 标记"。 标记线位于页面外。 极细线，套版色。
拼版	每页带裁切标记、折叠标记。 折手拼版注意页码顺序。 双面拼版注意正背套准。
印前检查	图片检查：颜色、层次感、清晰度、清洁度等。 图像文件检查：格式、色彩模式、分辨率、通道、路径、黑色色值等。 版面检查：颜色搭配、文字段落、图文关系等。 排版文件检查：尺寸、出血、链接、图文样式、色彩模式、淡印、叠印、字体等。 打印稿检查：按成品尺寸打印，带裁切标记和折叠标记等。 胶片和打样检查：网点、颜色、图文内容、成品模型等。

制版印刷 ⟶ 包装容器加工

图 1-16 包装设计流程图

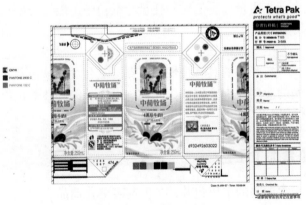

图 1-17 包装设计示例

项目二　产品包装加工工艺流程

产品包装设计方案完成后，就要根据客户的要求确定包装的加工工艺流程。多批量生产的最终的包装产品包装加工工艺流程为：

包装材料的准备→包装印刷→表面整饰→模切及其他裁切方式→包装品立体成型。

包装加工工艺流程如下。

（1）包装材料的准备。包括纸板的开切备料、瓦楞纸板生产、塑料薄膜的生产、黏合剂的选择等。

（2）包装印刷。主要采用胶印、柔印和凹印。其中纸盒以胶印方式为主，瓦楞纸箱以柔印方式为主，软包装及不干胶以凹印方式为主。

（3）表面整饰。包装品的表面整饰工艺是包装容器立体成型之前为改善材料的性能或增强包装品外观效果进行的工艺，包括上光、烫印（压凹凸）、复合、裱合等。

（4）模切及其他裁切方式。如开槽、分切、横切等是将包装材料裁切成规定大小和形状的重要工艺。

（5）包装品立体成型。包装品立体成型主要包括糊盒、制袋工艺。

包装加工工艺包括纸盒加工工艺、纸箱加工工艺、软包装加工工艺。

纸盒加工工艺主要包括上光、烫印（压凹凸）、模切、糊盒等工艺过程。大批量纸盒加工一般是指折叠纸盒的加工，尤其是糊盒机是专门为糊制折叠纸盒而设计的。小批量黏贴纸盒的糊盒一般仍用手工糊制。

纸箱加工工艺主要包括开槽（或模切）、糊箱等工艺过程。纸箱根据其包装结构的不同，对工艺过程的要求也有所不同，例如最常用的箱坯可以采用印刷开槽机直接生产出来，效率高，质量好。但对于托盘等纸箱则不能用开槽机，而要像纸盒加工一样，进行模切加工。

软包装加工工艺主要包括复合、分切、制袋等工艺过程。软包装是指由纸或复合材料制成的至少一端开口的具有挠性的容器。复合对于软包装是非常重要的加工工序，为满足不同的使用需求，例如遮光性、挺度、保香性等性能要求，软包装多采用复合材料进行加工。

一、折叠纸盒加工工艺

纸盒是一种非常重要的销售包装，主要起着美化商品、促进销售、提高商品附加值和方便携带的作用，同时也具有保护商品的功能。纸盒常用白卡纸、灰白卡，直接印刷图案加以装饰，经成型加工成盒。

纸盒按其结构可分为折叠纸盒和固定纸盒两大类。折叠纸盒与固定纸盒相比，最大区别在于折叠纸盒装运商品之前，一般可以折叠成平板状进行堆码和运输储存，使用时通过折叠组合的方式成型。固定纸盒要经订合或糊制后成型，不能折叠。折叠纸盒是应用最广、结构变化最多的一种商品销售包装容器，广泛应用于食品、药品、电子产品以及化妆品等包装领域，如图 1-18。

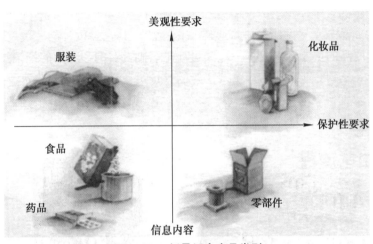

图 1-18　折叠纸盒产品类别

折叠纸盒的生产方式以机器为主，因而速度快、产量高、质量好，工艺也比较先进，适合大批量生产。折叠纸盒的加工工艺流程为：

印刷 → 上光 → 烫印（压凹凸）→ 模切 → 糊盒 → 打包

二、瓦楞纸箱箱坯加工工艺

瓦楞纸箱是使用瓦楞纸板制成的纸包装容器，是目前使用量最大的运输包装容器。最常使用的瓦楞纸箱箱型结构是 FEFCO 0201，即箱盖和箱底均为内摇盖、外摇盖结构。

瓦楞纸箱加工工艺流程为：

瓦楞纸板生产 → 印刷 → 开槽 → 糊箱/订箱 → 打包

三、复合材料软包装加工工艺

软包装是在充填或取出内装物后，容器形状可发生变化的包装。该容器一般用纸、纤维制品、塑料薄膜或复合包装材料等制成。

复合材料软包装加工工艺流程为：

凹印 → 复合 → 分切 → 制袋 → 装袋 → 封合

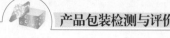

项目三　产品包装检测与评价

　　独特醒目的包装使消费者从各商店、超级市场、百货公司的陈列架上，在各种琳琅满目的商品与众多的品牌中产生购买的欲望，其包装设计起着重要作用，它是购买者选择商品的重要依据之一。包装设计是名副其实的"无声的推销员"，而设计的成功与否关系到它能否成为一个"优秀的推销员"，所以必须对生产出的产品包装进行检测、分析和评价，本节以塑料食品包装（如图1-19）设计产品为例展开，介绍产品包装检测与评价过程的基本要点。

图1-19　塑料食品包装

　　食品包装是一门古老而又现代的技术，早在远古时期人类就已经开始探索了，到现在，食品包装已经发展成为一项工程技术。食品包装的优良与否取决于包装技术与包装材料。食品包装技术的要求，随着食品的种类、特性、使用场合、运输与转移的途径和环节、运输方式等因素的不同而有所不同。食品包装所要求的技术条件越苛刻，相应地，包装费用就会越高，同时会影响到产品的市场销量。因此，有的要求是最基本而且必须的。包装有内在和外在两个方面的要求，另外还有辅助性适用于操作的要求。在一般的食品涉及较多的是前两者，而在现代包装设计中后者已越来越得到重视。随着科技的发展，塑料已成为当代最重要的包装材料之一，它们对环境中的物质具有相对的阻隔性与适应性，同时所包含物与包装材料的各种成分的相互作用对食品的品质具有很大的影响，这对被包装商品的保质期具有决定性意义。复合塑料薄膜包装同其他包装一样要考虑包装的三要素——安全性、便利性和美观性。而食品包装对塑料的要求比较复杂，有的要真空包装，有的要高温杀菌，有的要冷冻冷藏，有的要求阻隔性，有的要求透气性，所以食品包装一般选用复合性包装材料，即利用单膜各自的特性，将两种或两种以上薄膜复合在一起而制成。薄膜复合后，集中各自的优点，改进单一薄膜的不足，以适应各种商品包装的要求。这里需要指出的是，所谓复合实际上是指层合，并不是严格意义上的复合材料学的复合概念。

一、食品塑料包装产品设计评价体系的构建

1. 德尔菲专家调查法

德尔菲专家调查法是 20 世纪 40 年代由赫尔姆和达尔克首创，后经过戈尔登和兰德公司进一步发展而成的通讯式调查方法。它是通过多次调查由专家提出，再经过反复征询、归纳、修改，最后汇总而成的看法。在整个评价过程中，不受外界任何因素的影响，这样使专家们做出的评价具有最大的客观性、公正性。本书的各个指标的评价方法就是参考各个评价专家各自打出的分数，最后用层次分析法归纳出一个分值作为每项指标的最后得分。

2. 层次分析法

层次分析法是美国运筹学家 Saaty 教授于 20 世纪 80 年代提出的一种实用的多方案或多目标的决策方法。它合理地将定性与定量的决策结合起来，按照思维、心理的规律把决策过程层次化、数量化。本文采用的方法：第一步，把问题层次化。把塑料食品包装分成包装装潢设计类、包装结构设计类、包装材料选择类等；第二步，将问题分解为不同的组成因素，如字体设计、图案设计等；第三步，根据因素间的隶属关系，将因素按不同形式组合，形成一个多层次的分析结构模型。最后用求和公式进行评价结果计算。

评价建模，根据以上指标体系构建方法，专家们推导出评价塑料食品包装设计的计算公式，即：

$$P=\sum C_i W_i$$

式中　P——塑料食品包装设计的总分值；

　　　C_i——包装设计中各指标的评价值（经过专家评价的分值，如果有多个专家，则要经过求和平均，得出一个最后分值）；

　　　W_i——各部分指标在总体上所占的比重。

16 是指标数。具体情形可以对照塑料食品包装设计评价指标体系图理解，如图 1–20 所示。

下面以几种常见的巧克力的包装（图 1–21）为例来展示塑料食品包装评价方法的用途。

首先我们定满分为 100 分，对主要作为礼品赠送的巧克力包装来说，外观设计是占据主要地位的。则定义外观分为 80 分，其中包括包装装潢设计和包装造型设计两个方面；材料的选择占 20 分。

1. 文字

先来看包装装潢设计的文字部分，三种产品的包装都包括了产品的名称、净含量、保质期、生产日期等必需的文字，产品的商标也很清楚明了，符合包装的文字设计的要求，都为满分 10 分。

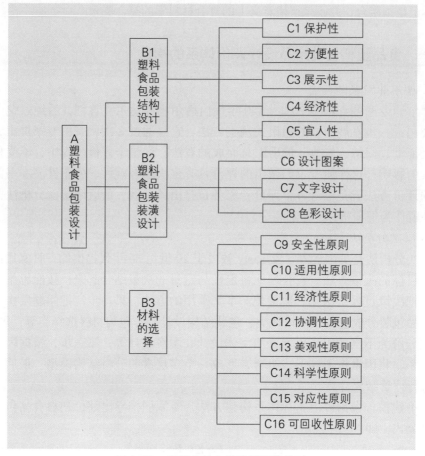

图 1-20　塑料食品包装设计评价体系

2. 图案

对图案的主观性评价，下面看一下两位专家的观点。第一位专家认为德芙巧克力的图案 [图 1-21（a）] 设计是最好的，它直接采用实物——巧克力做图案，让人充满食欲。采用的丝带性的条纹，给人以柔软、顺滑的感觉，还掺杂有一种浪漫的情调，符合巧克力作为情人节礼物的特性。其次是怡口莲的设计，它采用咖啡豆的图案 [图 1-21（b）、（d）]，再加上被切开的巧克力的图案，给人松脆可口的感觉，忍不住想咬一口。最后是欧麦的图案设计 [图 1-21（c）]，比较简单，没有任何关于食品的图案，只有商标和产品的介绍，当然这跟包装结构的采用是大有关系的，其包装结构可以直接将商品展示在消费者面前，所以无须多余的修饰。故图 1-21（a）~（d）的包装得分分别为 9 分、8 分、7 分、8 分。第二位专家认为，德芙巧克力 [图 1-21（a）] 的包装比较干净，给人清楚的视觉效果，分值为 9 分；而怡口莲的图案 [图 1-21（b）] 选择与安排就有点混乱，太花哨，6 分；图案 1-21（d）效果较好，8 分；欧麦的包装装潢 [图 1-21（c）] 简单明了，8 分。根据层次分析法中的求和平均，可以得出图 1-21（a）~（d）得分分别为：9 分、8 分、7.5 分、8 分。

3. 色彩

图 1-21（a）主体采用玫红色，体现浪漫，再加上黄色点缀，增强消费者食欲，色彩的搭配给人很舒服的感觉，可谓面面俱到，得分为 10 分。图 1-21（b）采用红色，掺杂紫色，红色虽能引发食欲，但配上紫色，食欲又稍弱些，得分为 9 分。图 1-21（c）、（d）采用的是朱红色、蓝色和金黄色搭配，都是能引起食欲的色彩，而且搭配鲜明耀眼，能吸引消费者的眼球，得分为 10 分。

（a）　　　　　　　　　　　　（b）

（c）　　　　　　　　　　　　（d）

图 1-21　几种常见巧克力包装

4. 包装结构造型设计

从保护性出发，三种包装都分小包装和大包装，图 1-21（a）采用的是塑料圆柱体包装，保护性较强，可以防止巧克力在运输过程中被压而受损，得分为 10 分。图 1-21（b）、（c）、（d）都是采用软包装，在运输过程中的保护性稍差一些，但是三者比较，图 1-21（b）的结构造型又稍胜一筹，得分为 7 分。图 1-21（c）、（d）得分 6 分。

5. 方便性

在食用方面，因为都有小包装，且图 1-21（a）、（c）、（d）小包装都是采用齿痕状的封口，容易撕开，而图 1-21（b）则更简单，直接剥开即可，外包装也方便开启，方便销售与陈列，所以都满足使用方便的条件。但是德芙的包装结构是圆柱体，携带很不方便，而且体积较大，所以得分为 7 分。图 1-21（b）满足方便性的所有要求，10 分。图 1-21（b）、（c）、（d）的包装结构设计展示性效果较差，（a）满足要求，得分 10 分；（b）、（c）、（d）得 8 分。

6. 展示性

展示性同上所述，分别得分为 10 分、8 分、10 分、8 分。

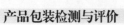

7. 经济性

经济性则看包装材料的用量，图 1-21（a）用量最多，图 1-21（b）、（c）、（d）差不多，（a）、（b）、（c）、（d）分别为：6 分、7 分、7 分、7 分。

8. 宜人性

在宜人性方面，这些包装装潢都属于普通的造型，图 1-21（b）的结构设计稍胜一筹，（a）、（b）、（c）、（d）得分分别为 6 分、7 分、5 分、7 分。

9. 材料的选择

在经济性方面，只有德芙的材质偏高；在安全性方面，欧麦的包装最安全；在整个包装过程中，没有经过高温处理过程，不会使塑料变质产生有害气体而污染食品。

怡口莲的包装危险性最大，它的内包装和外包装都是压制而成；而德芙的内包装也像大多数软包装一样，通过高温压制而成。这些塑料都是不可再利用的，没有环保的概念，对于材料的其他方面，在这种包装上都无表现。因此依次给图 1-21（a）、（b）、（c）、（d）包装材料打分为 8 分、6 分、6 分、8 分。

根据上面得出的塑料包装设计评价模型，分别用 P1、P2、P3、P4 表示图 1-21（a）~（d）包装设计的总体评价分值，可得：

$$P1=10+9+10+10+10+10+6+6+8=79$$

$$P2=10+8+9+7+8+8+7+7+6=70$$

$$P3=10+7.5+10+6+8+10+7+5+6=69.5$$

$$P4=10+8+10+6+8+8+7+7+8=72$$

由此得出，在包装专业的设计中德芙巧克力的包装是最优秀的，怡口莲的包装还有待改进。当然有人会说，包装的目的是为了销售，根据市场调查，怡口莲的销售额大大超过了德芙和欧麦，这中间是跟品牌形象相挂钩的。怡口莲的巧克力口感好，而且经济实惠，符合老百姓消费的标准，正所谓送礼只是一部分人的购买行为。最主要的销售还在于货真价实，这样才能深得人心。

二、加工工艺检测与评价

产品包装物对商品的包装主要起到保护、方便和促销的作用。我们可从以上的评价体系给出综合评价，但我们还应考虑到产品加工工艺的质量效果。下面根据最常见的纸制品包装物的加工流程，给出产品的加工要求和检测方法。

（一）彩色胶印包装产品

彩色印刷品（如图 1-22）质量好坏可以从以下项目进行评价。

1. 阶调再现性

（1）阶调复制密度误差。阶调密度误差是实际复制曲线与理想复制曲线的差值与理想复制曲线之比，即：

$$阶调密度误差\ TE=（\Delta A\ /\ A）\times 100\%$$

图 1-23 中 D_0 为理想实地密度，直线 L 为理想复制曲线，曲线 C 为实际复制曲线，由图可知：$A=\Delta A+a$。密度和网点面积率可以从与印刷品同时印刷的阶调梯尺中

测量，对四种颜色分别求其阶调密度误差，TE 越小，印刷品复制就越理想。

（2）实地密度。实地密度是指印张上网点面积率为100％处的密度。实地密度随墨层厚度的增加而增加。墨层厚度增加到一定值时，实地密度不再增加，这个密度称为饱和密度。

图1-22　食品包装盒展开图

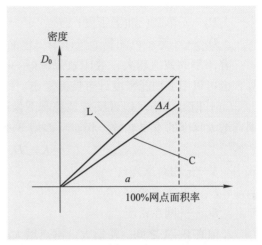

图1-23　阶调密度误差表示图

2. 色彩再现性

色彩再现性是原稿经过复制后在彩色还原方面出现的某种偏差程度，可以用下列指标表示。

（1）色密度。色密度即颜色密度，用色密度计可测出各颜色的密度。

（2）色相误差。色相误差是印品颜色与理想三原色油墨比较的偏色情况。色相误差表示为：

$$H=(D_M-D_L)/(D_H-D_L)\times100\%$$

式中　　D_M——密度中间值；

　　　　D_L——密度最低值；

　　　　D_H——密度最高值。

密度值用密度计加红、绿、蓝滤色片测量，一种油墨换三次滤色片，测出三个值，即为密度最高值、中间值、最低值。也可以用彩色密度计直接测出色相误差。H值越低，色相越纯正。理想的色相误差为零。

（3）灰度。灰度是反映三原色油墨色彩的参数。当油墨印在纸上所反射出它的主要颜色光小于这个颜色应该反射的光谱色，这个颜色就变灰了，也就是彩度降低了。灰度值用下式表示：

$$G=(D_L/D_H)\times100\%$$

式中　　D_L——密度最低值；

　　　　D_H——密度最高值。

G越小，彩度越高，色彩越鲜艳。

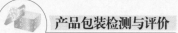

（4）叠印率。叠印率是指油墨的受墨能力即印张上前一色油墨所能接受的后一色油墨的多少。

$$f_D=[（D_{1+2}+D_1）／D_2]\times100\%$$

式中　f_D——叠印率；

　　　D_1——第一色油墨密度；

　　　D_2——第二色油墨密度；

　　　D_{1+2}——第一色油墨上叠印第二色油墨的密度。

叠印率的数值越大，叠印效果越好。叠印率数值可用测得的密度值代入公式计算，也可以用多功能密度计直接测量出。

（5）相对反差。相对反差是控制图像阶调、衡量实地密度是否印足墨量、判断网点增大程度的重要参数。相对反差用下式表示：

$$K=（D_V-D_R）／D_V$$

式中　K——相对反差；

　　　D_V——实地密度；

　　　D_R——网点密度。

K 值在 0 ~ 1 之间。K 值大，网点增大小；K 值小，网点增大大。

3. 网点再现性

印刷复制时，网点复制会出现误差。

（1）网点面积率。网点面积率是指单位面积内网点所占面积的百分比。网点面积率用下式计算：

$$F_D=（1-10^{-D_R}）／（1-10^{-D_V}）$$

式中　F_D——网点面积率；

　　　D_V——实地密度；

　　　D_R——网点密度。

网点面积率大，印张反射光线少，吸收光线多，印刷品显得深暗；网点面积率小，印张反射光线多，吸收光线少，印刷品显得明亮。网点面积率可以用网点面积率计直接测出。

（2）网点增大值。网点增大值也称阶调增大值、网点增大率，是指印刷品某部位的印刷品网点面积率与原版网点面积率之间的差值，即：

$$Z_D=F_D-F_F$$

式中　Z_D——网点增大值；

　　　F_D——印刷品网点面积率；

　　　F_F——原版网点面积率。

网点增大值可用公式计算，也可以用多功能密度计直接测出。一般测量中间调的网点增大值对控制网点增大有利。适当的网点增大是正常的，但必须控制在允许范围内。

4. 不均匀性

不均匀性是衡量印刷品外观的重要指标。一般可用观察的方法确定。不均匀性主要包括墨杠、墨斑、重影、蹭脏等。不均匀性对印刷品质量影响很大，一项不合格即可造成整批印刷品成为废品。

对胶印包装产品的评价可以从以下几个指标进行评价，首先将上述项目分解成若干项指标，各项指标对印刷品质量影响不同，权重分配不同，表1-2~表1-10是印刷品质量各指标评分表。

表1-2 实地密度 D

分值	Y	M	C	K	存在问题和解决方法
10/9	1.05 以上	1.44 以上	1.49 以上	1.64 以上	墨层合适，若无网点增大，不需调整
8/7	1.04~0.93	1.43~1.30	1.48~1.35	1.63~1.50	墨层厚度稍小，适当增大墨量
6/5	0.92~0.81	1.29~1.16	1.34~1.21	1.49~1.36	墨层厚度稍小，适当增大墨量
4/3	0.80~0.69	1.15~1.02	1.20~1.07	1.35~1.20	墨层厚度小，增大墨量
2/1	0.68~0.57	1.01~0.88	1.06~0.93	1.19~1.04	墨层厚度太小，增大墨量
权重	0.4	0.4	0.4	0.4	

注：①同批产品不同印张的实地密度允许误差为 D（C、M）≤ 0.15；D（K）≤ 0.20；D（Y）≤ 0.10，超出此范围为不合格产品。
②考虑干密度，Y、M、C 湿密度比干密度高 0.05~0.10；K 湿密度比干密度高 0.10~0.20。

表1-3 套印精度 E

分值	精度 /mm	存在问题和解决方法
10/9	小于 0.06	套印精确
8/7	0.07~0.16	套印较精确适当调整
6/5	0.17~0.28	套印精度较低，调整
4/3	0.298~0.42	套印精度低，调整
2/1	0.43~0.60	套印精度太低，调整
权重	1.0	

注：取最大值。

表1-4 网点增大率（50% 网点）ZD

分值	Y、M、C/%	K/%	存在问题和解决方法
10/9	1~13	1~13	网点增大很少
8/7	14~27	14~28	网点增大在合格范围
6/5	28~41	29~43	网点增大略大，调整
4/3	42~55	44~58	网点增大较大，调整
2/1	56~69	59~74	网点增大严重，调整
权重	各 0.35	0.35	

表1-5 相对反差 K

分值	（Y）	（M、C）	（K）	存在问题和解决办法
10/9	大于 0.33	大于 0.42	大于 0.47	相对反差优
8/7	0.32~0.27	0.41~0.34	0.46~0.39	相对反差较合适，一般不需要调整
6/5	0.26~0.20	0.33~0.26	0.38~0.31	反差值较小，适当增加墨层厚度或控制网点增大
4/3	0.19~0.12	0.25~0.18	0.30~0.23	相对反差值小，增加墨层厚度或控制网点增大
2/1	0.11~0.04	0.17~0.10	0.22~0.15	反差值太小，大量增加墨层厚或严控网点增大
权重	0.15	各 0.15	0.15	

表1-6 阶调密度误差 TE

分值	C、M、Y、K/%	存在问题和解决方法
10/9	18.4~25.4	阶调误差很小，不需调整
8/7	25.5~32.5	阶调密度误差在允许范围内
6/5	32.6~39.6	阶调误差稍大，减水增墨
4/3	39.7~46.7	阶调误差较大，减水增墨
2/1	46.8~53.8	阶调误差大，减水增墨
权重	各 0.4	

表1-7 灰度 G

分值	G/%	存在问题和解决方法
10/9	0~6	灰度合适
8/7	> 6~12	灰度较合适
6/5	> 12~18	灰度稍大，油墨稍偏色
4/3	> 18~24	灰度较大，油墨偏色较大
2/1	> 24~30	灰度大，油墨偏色大
权重	各 0.5	

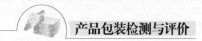

表 1-8 色相误差 H

分值	H / %	存在问题和解决方法
10/9	> 0~10	色相误差合适
8/7	> 10~20	色相误差较合适
6/5	> 20~30	色相误差稍大，油墨稍偏色
4/3	> 30~40	色相误差较大，偏色较大
2/1	> 40~50	色相误差大，油墨偏色大
权重	各 0.3	

表 1-9 叠印率 f_D

分值	f_D / %	存在问题和解决方法
10/9	100~93	叠印率好
8/7	92~85	叠印率较好
6/5	84~77	叠印率较差，加大先印油墨黏度
4/3	76~69	叠印率差，加大先印油墨黏度
2/1	68~61	叠印率很差，加大先印油墨黏度
权重	0.6	

表 1-10 外观

现象	程度	分值	存在问题和解决办法
斑点、浮脏	无	2	无斑点、浮脏
	轻微	1	有轻微斑点或浮脏，擦拭、修补印版或适当增加润湿液
	重	0	有严重斑点或浮脏，擦拭、修补印版或增加润湿液
重影、水迹	无	2	无重影、水迹
	轻微	1	有轻微重影或水迹，检查套准、齿轮、轴承磨损，减少润湿液
	重	0	有严重重影或水迹，检查套准、齿轮、轴承磨损，减少润湿液
墨杠、水杠	无	2	无墨杠、水杠
	轻微	1	有轻微墨杠或水杠，用中软包衬，检查齿轮轴承间隙，减震
	重	0	有严重墨杠或水杠，用中软包衬，检查齿轮轴承间隙，减震
反印、透印	无	2	无反印、透印
	轻微	1	有轻微反印或透印，适当增加油墨黏度，减低印刷压力，喷粉
	重	0	有严重反印或透印，增加油墨黏度，减低印刷压力，喷粉
墨色不均	无	2	无墨色不均
	轻微	1	有轻微墨色不均，适当调整供墨系统横向均匀性
	重	0	有严重墨色不均，调整供墨系统横向均匀性
权重	1.0		

　　根据包装产品的特点，结合质量评价指标的比例，权重可以从三个方面进行分析评价。

　　1. 绝对质量的客观评价

　　以上评分表适用于对印刷品绝对质量的评价，可以适当增减指标项目，评价某种印刷品质量不需要把以上所有指标都用上。印刷生产中，如果用全部评价指标评价印刷品，所需数据很多。可以选用其中几项指标进行评价，一般应选择权重较大的项目。

　　2. 相对质量的主观评价

　　相对质量评价是以印刷样品为基准，评价印刷品与样品接近程度。印刷品和样品越接近，印刷质量越好。

　　3. 综合评价及其结果

　　将上述评价指标编入计算机程序，只要将测试数据输入计算机，立即能显示结果，结果包括：

（1）总评分。得出印刷品的评价分数，以百分计。如果选择部分指标，计算机程序中可以自动按比例调整各项指标权重，使评价满分为100分。得分越高，印刷品质量越好。

（2）总评价。计算机程序自动给出印刷品的综合评价结果，把印刷品分为：精细印刷品、一般印刷品，合格、不合格等。有些印刷品虽然总评分较高，但某一项重要指标不合格，则判为不合格印刷品。

（3）印刷品存在问题和解决方法。对于总评价低的印刷品存在的问题，能用计算机程序自动显示出来，并且给出解决方法。

4. 质量检查

（1）外观。外观是首要的，必须版面干净，无明显的脏迹；其次是色调，应基本一致；然后是文字，应完整、清楚，位置准确；最后是尺寸要求，精细产品的尺寸允许误差要小于0.5mm，一般产品的尺寸允许误差要小于1.0mm。

（2）层次。各阶调应分明，层次清楚。

（3）套印。多色版图像轮廓及位置应准确套合。精细印刷品的套印允许误差小于等于0.10mm，一般印刷品的套印允许误差小于等于0.20mm。

（4）网点。网点作为印刷的基本单元，应清晰，角度准确，不出重影。50%网点的增大值，精细印刷品为10%~20%；一般印刷品为10%~25%。

（5）颜色。颜色应符合原稿，真实，自然，丰富多彩。指标应包括两方面；一是同批产品不同印张的实地密度允许误差，青（C）品红（M）≤0.15，黑（BK）≤0.20，黄（Y）≤0.10；二是颜色符合印刷样品。

（二）彩色凹版印刷品质量检查

1. 凹印彩色包装质量检查要求

（1）外观。成品应整洁，无明显脏污、残缺、刀丝；文字印刷清晰完整，5号字以下不误字意；印迹边缘光洁，无断画少点；网纹清晰均匀，无明显变形及残缺；图像颜色自然，协调。

（2）套印。画面主题部位，实地印刷误差应不大于0.5mm，网纹印刷误差应不大于0.3mm；画面次要部位，实地印刷误差应不大于0.8mm，网纹印刷误差应不大于0.6mm。

（3）实地印刷要求。对凹版印刷塑料膜类产品，印刷的检测指标主要是实地色，测试的项目有同色密度偏差，同批同色色差，墨层光泽度及墨层耐磨性。

2. 塑料包装印刷标准

（1）规格质量要求。

①成品规格：塑料薄膜袋（产品实例如图1-24、图1-25）100mm×200mm以上，误差±4mm；100mm×200mm以下误差±3mm。

②图案位置（宽度）：100mm以下允许误差±2mm；100~200mm的允许误差±3mm；200~400mm的允许误差±4mm。

③墨色：色相正确、鲜艳、均匀、光亮。

图 1-24　饼干包装

图 1-25　薯条包装

④套印：套印准确，误差不大于 0.3mm。

⑤网纹：图案清晰，层次分明。

⑥文字线条：清楚完整，不变形。

⑦封口：平整、牢固、密封性好。

⑧复合：均匀，牢固，不起皱，无气泡，次要部位在 10cm² 内只能有一个直径不大于 1mm 的气泡。

⑨外观：成品洁净，不允许有明显的脏污。

（2）检验方法和检验规则。

①成品规格：图案位置和套印误差，以直尺、卷尺、刻度放大镜测量。

②墨色牢度的检验：用医用胶布在 10mm × 20mm 的印刷面上，慢速粘拉二次测定。

③封口牢度的检验：将袋吹胀，用手掌击后，袋破而封口不开，或用两手的母指、食指捏住封口处的薄膜撕拉而封口不开。

④密封性的检验：将袋内装水悬空 10min，而封口不渗水。

⑤其余指标：将袋内装一张衬纸，以 5 倍放大镜距 500mm 目测。

⑥用户单位验收：可任拆 1~2 包适量抽样检查，如发现不合格时，可另行拆包加倍检查，合格收货，如仍不合格，根据情况可返修、补印、赔偿。

（3）标志、包装、运输和贮存。

①标志：包装物上粘贴检验合格标签，注明用户单位、产品名称、品种规格、数量、生产厂名、出厂日期及检验员代号。

②包装：根据用户单位要求包装；无要求者，可根据产品的面积、数量，用较坚固的包装纸分包捆牢固。分包的体积、数量均衡一致，以利点数、存放。

③运输和贮存：严防受潮、暴晒、热烤、油渍、撞砸、重压，存放期不得超过 3 个月。

（三）印后加工产品质量检查

1. 烫印质量的检查

烫印是用加热的方法将黏合剂熔融，把金属箔、电化铝、粉箔等烫印到纸张或其他材料表面，得到金色、银色等多种颜色的装饰效果。

（1）烫印表现。有烫印的表面，文字和图案不花白，不变色，不脱落。字迹、图案和线条清楚干净，表面平整牢固，浅色部位光洁度好，无脏点。

（2）套烫。套烫两次以上的表面版面无漏烫，层次清楚，图案清晰，干净，光洁度好。套烫误差小于1mm。

（3）烫印尺寸要求。烫印的文字和图案的版框位置准确，尺寸符合设计要求。

（4）检验方法。对烫印质量的检验可以通过目测，观察环境同印刷品的观测条件；另外，还需用毫米尺，以检验烫印版面各部位的尺寸。产品实例如图1-26。

图1-26　烫金效果

图1-27　覆膜效果

2. 覆膜质量检查方法

对覆膜产品的质量，一般是按标准目测检验。检验的内容如下：

①印刷图案（产品实例如图1-27）色彩保持不变，在日晒、烘烤、紫外线照射下仍不变色。

②覆膜黏结牢固，膜层不能轻易分开。表面干净、平整，不模糊，光洁度好。无皱褶，起泡和粉箔痕。出现任何皱纹和折痕均为不合格产品。

③覆膜产品不得卷曲，分割后的尺寸准确，边缘平整光滑。不能出现出膜和亏膜。破口不超过4mm。

④覆膜后干燥程度适当，无粘坏表面薄膜或纸张的现象，在墨层较厚的实地及暗调部位，不能出现砂粒状、蠕虫状、龟纹状的薄膜凸起现象。

⑤覆膜后放置10~20h，产品质量无变化。

3. UV上光质量检查

UV上光后的表面应光亮、干净、平整、光滑、完好，无花斑露底，无皱褶，无化墨和化水现象。在规格线内，不应有未上光部分；局部上光印刷品，上光范围应符合规定要求。用目测的方法检测，观测条件同印刷品观测条件。

项目四　产品包装计价

包装设计打样出的产品能否进行批量生产，必须对产品进行计价分析，也就是包装产品生成的成本估价。不同的产品包装设计方案生产出来的产品成本就有差异，从而对产品包装的推广和应用有影响。同时对包装印刷企业而言，产品包装成本的估算将直接影响包装印刷企业的生产效益，也直接制约着包装印刷企业的发展。因此，产品包装成本的估算非常必要。本节介绍如何进行包装产品估价。

一、包装产品估价的定义

在包装产品成本的估算中，包装产品活件的估价有着重要的地位。包装产品估价从某种意义上讲，就是指人们对包装产品印制时所需费用的核算。它包含了两层含义：第一是针对客户本身来说的，它是指对客户提供的活件进行包装的成本；第二是针对包装印刷企业而言的，它在此时又包含了两方面：一方面，它包含了包装该活件的实际成本，如人工成本、材料成本、机器折旧成本、水电成本、场地成本等实际已发生的成本；另一方面，它还包含了包装印刷企业包装活件的利润。这两个层面概括起来，包装产品估价就是包装印刷企业加工活件应该收取的加工服务费。

包装产品估价主要是依据包装产品工价表来完成的，由于我国各省份、各地区的经济发展水平不一致，因此各省份、各地区的包装产品工价也不一致。这也说明，同一包装产品在不同地区、不同省份估价的结果是不同的。这也就为包装产品的估价带来了复杂性和差异。

二、包装产品估价的方法

尽管包装产品估价在各省份、各地区存在区别，但有一点是相同的，这就是不同省份、不同地区采取的估价方法大体上是一致的。在包装产品的估价上，包装印刷企业大体上都采取两种方法：一种是根据包装产品所需采用的包装工序进行估价；另一种是首先将需要包装的活件进行分类，然后再将需要包装的活件中的每一分类按包装产品工序进行单独估价，即所谓的根据包装产品的对象进行估价。

1. 根据包装工序估价方法

完成一件包装产品大致需要经过客户产品设计、印前图文信息处理、制版、印刷、印后加工五大工序。若具体到每一个活件，则此五大工序可以细化为设计、制版、印刷、印后加四个工序。在估价时，就要告诉客户该包装产品的设计费是多少、制版费是多少、印刷费是多少、印后加工费是多少，但需要注意，在上面四个工序的费用中都包含了相关的材料费，如胶片费、PS版材费等，唯独印刷过程中的承印材料费用需要单独计算，如折叠纸盒、异型盒等的卡纸费用。所以在估价时，除了要告诉客户以上四项费用外，还需要告诉客户印刷活件所需的承印材料费用。以上五大费用的总和才是该活件所需的费用。按这种模式进行的估价称为根据包装产品工序估价法。

2. 根据包装产品对象估价法

根据包装产品对象估价法与根据包装产品工序估价法理论上是一致的，只不过前者需要将包装产品活件先进行分类，然后再按照后者的方法计算。最后将每一个包装对象的成本汇总，这样估价就是根据包装产品对象的估价法。

虽然印刷估价有两种情况，即依照印刷工序进行估算和根据对象进行估算。两种方法基本类似，在这里主要以包装产品工序估价法为例加以说明。

三、包装产品成本的估算

无论是哪一个包装印刷企业，都有各自的工价本，包装产品估算都是以此为基础进行估算的。加上包装印刷单位的经营方针不同，包装产品工价的制定也存在很大的差异，计算的方法不同，估算的包装产品费用也存在较大的差距。下面将以各工序为例，分别加以说明。

1. 印前图文信息处理工序

在这个工序中，处理的对象主要有文字和图像，印刷费用估算时要分别对待。对于文字而言：有录入费、排版费、出片费（含胶片费）等。对于图像而言：有扫描费、制作费（包括创意费）、出片费、打样费等。也就是说包装物印前制作含打字、设计、制作、扫描、胶片、硫酸纸、喷墨打样、激光打样、接稿、校稿、车费等费用。有些包装产品的文字信息量较大（如图1-28、图1-29），需要在设计过程中增加设计费用。

图1-28 牛乳包装

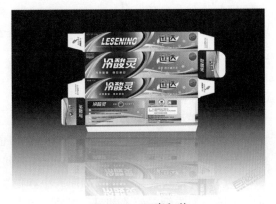

图1-29 牙膏包装

（1）文字处理费用估算。文字处理主要是指以文字为主的情况。它又分为以下几种情况：

①若仅仅是文字录入，则只收录入费，对于汉字则按每千字多少元计算，例如每千字 2 元。对于外文，由于语种的不同，收费的标准也不同，一般都是以每行每厘米为单位进行收费，例如，每行每厘米 0.043 元等。

②若是文字录入与排版合而为一，对于汉字则以五号字的一面为标准，以一面多少元为基准，但一面的字数是有要求的，有的是以 32 开 750 字计算，有的则是以 16 开 1500 字计算。若排版要求正文字号非五号字，则一般可按下面的方法计算，小四号字及以上字号均按一面 750 字计算，五号及以下字号均按实际版面字数折合，以 750 字为一面计算；对于外文还是以每行每厘米进行计算。

③由于文字处理的方式各不相同，排版的方式各异，因此，在估算费用时一般要在基价的基础上按照一定的百分比进行加价。根据版式的难易程度，加价的比例也不尽相同。一般说来，出现以下情况时，往往需要加价：文中有图表、歌谱、数学或化学公式、单面装或双面装、横排还是竖排、外文或注文、繁简排版、科技类排版、字典类排版、期刊的排版等。

④若需要录入、排版、出片同时进行的话，在估算费用时，一般都是按每一面多少元为基准，但也要规定排版的开数，如 32 开每面 15 元，16 开每面 30 元等。对于不同开本可按基准加倍或减半。

⑤若仅需出片，则要考虑胶片是进口片还是国产片，因为两者是有价格差别的。

⑥校对，一般按每千字 0.60 元，自然科学类和古典类每千字 0.80 元。

（2）图像处理费用的估算。在图像处理的费用中，尽管要估算到扫描费、制作费、出片费和打样费，但在处理过程中，因情况的不同，估算的层面也不同。

①当只进行扫描时，只收取扫描费，一般按图像的大小收费，如每兆字节多少元。其原则是：5Mb 以下多少元，10Mb 以下多少元，20Mb 以下多少元。除此之外，超过 20Mb 一般按每增加 2Mb 加收 1 元计算。

②当制作业务客户只提供图片资料和文字说明，而需要制作部门完成扫描、制作、出片、打样等全部作业时，收费的标准一般有两个原则，一是内容的难易程度，一是开本的大小，但收取的费用包含了上述工序的所有费用。一般以 16 开幅面为计算基准，如 16 开每面 300 元。若在制作中含有特技，则每项特技需要另收费，按特技的难易不同，收取费用的标准也不同。对于创意，收费的标准可能需要更高。如以 16 开为例，实现版式（用户提供草稿、原稿、文字），加收制版费的 50%；版式设计（用户提供原稿、文字），加收制版费的 60%；设计创意（用户提出思想），加收制版费的 120%；徽标设计，简单设计 300 元，复杂设计 600 元，创意设计 1000 元。

③当只需出片时，一般按幅面的大小和色数收费，所用的胶片为进口胶片。若采用国产胶片，价格还要低一些。目前出片价格大都在 16 开每色 8～10 元。

④当只需打样时，一般按幅面大小和色数多少收费。一般为 4 张标准打样价格，纸张为进口铜版纸。若要加打，则需要再增加一部分费用。此外，若要拼对开版打样，价格还要高一些。目前打样价格大都在 16 开每色 5～8 元左右。

简单的包装产品图文处理价格见表 1-11。

表 1-11　印前制作价格表

	收费 /（元 / 面）	四开版	对开版	全张版
设计制版	50	200	400	800
审核	5	25	50	100
审核 + 修改	10~25	50~100	100~200	200/500

例如：

A　设计费 200~500 元 / 面包打样、胶片；
　　制作费 130~200 元 / 面包打样、胶片；
　　打字费 5~10 元 / 面（根据多少和难度而定）。

B　胶片费进口胶片 10 元 / 面；国产胶片 8 元 / 面；
　　硫酸纸 2.00 元 / 面；
　　喷墨打样 15~20 元 / 面。

C　扫描根据扫描网点数和多少而定：300 线，0.70 元 / 兆。

2. 制版费用估算

包装产品印刷前必须要制作印版，目前市场上主要存在两种加工方式：传统制版工序即拼版（拷贝）和晒版、数码制版（CTP）加工。下面以传统制版工序来介绍。

（1）拼版与拷贝费用估算。由于目前印刷机印刷幅面常为四开、对开、全开，而在制作中，许多客户又常输出小幅面，为了满足印刷要求，在制版时往往要进行拼版和拷贝的处理，因此，在印刷过程中还要收取一定的拼版和拷贝费用。不同的印刷厂收费的标准也不相同。估算时，一般都是根据拼版的个数和幅面进行收费，如图 1-30、图 1-31 所示。如 16 开小版拼成对开版时，拼版费用为每对开 30 元左右，拷贝费也在每对开 30 元左右。此成本已包含了所需材料费。

图 1-30　香皂包装

图 1-31　订书机包装

（2）晒版费用估算。印刷过程中的晒版费，就印刷厂而言，相对比较简单，一般都是一次性收取晒版费、人工费、材料费、设备折旧费、水电费等，在印刷厂统称为晒上版费。由于印刷设备规格统一，一般分为晒四开版或晒对开版。晒对开版，其收费标准一般在每块版 80～100 元之间，这里说的版是指胶印用的阳图型 PS 版。对于晒四开 PS 版，一般按对开版的 60%～70% 收取晒上版费。另外，晒版也存在一个基价的问题，不同的地区、不同的单位，基价的定位也不一样，例如，北京地区规定晒上版以 40 色令为基价，超过 40 色令者，每色令另收 2 元上版费。而另外一些地区，则规定晒上版一次的印刷数为 3 万印，超过者另加收一次晒上版费。

3. 印刷费用的估算

印刷费用比较简单，计算时其价格一般都按印张或色令（也称对开千印）进行，轮转印刷按印张计价，单张纸胶印一般按色令计价，指印刷相当于全张大纸单面、单色印刷费用，印刷不足 1000 印数按 1000 印数计算，印件数量÷开数÷500 张＝令数，令数×色数×印色价＝总印刷费。

另外，在收取印刷费用时，各印刷单位都有一个基础价的问题，即起印价。它要求印刷的数量不得低于多少，不同地区、不同印刷厂，起印价的定位也不同。在印刷的收费上，一般还要根据印刷内容的难易不同而不同，同时在印刷中由于要使用油墨，因而对油墨的价格也有特别的说明。

在印刷的估算中还要考虑一些加价的情况，出现以下现象一般需要加价。

①外来胶片需改文字、改图者，每处加收一定的费用。

②印刷 $45g/m^2$ 以下的薄纸或印刷厚纸时需要加价。

③若采用油墨的价格超过基准价，一般会按每千印多少元进行加价。

④使用金色、银色油墨的印件，金色、银色墨按实际使用量的价格计算。

⑤使用双色胶印机印刷或套白油时，如有一个滚筒空跑，仍应计价。四色机组有两组以上跑空者收两个跑空费，有一个跑空者收一个跑空费。

⑥凡用大度纸张印刷也需要加价。

表 1-12　海德堡四开机印刷收费表

海德堡四开四色 SM72V 以及 SM74-4H 印刷收费			用纸长 L×宽 W	
用纸尺寸 /mm	L＜650；W＜480		L＞660mm 或 W＞480mm	
千印数 / 收费	PS 版 / 张	印刷费 / 千印	PS 版 / 张	印刷费 / 色千印
＜2	–	240（250）	–	320
2~3	–	260（270）	–	350
3~10	40	10.0	50	12.0
10~50	40	9.0	50	11.0

海德堡四开四色 SM72V 以及 SM74-4H 印刷收费			用纸长 L× 宽 W	
用纸尺寸 /mm	L < 650；W < 480		L>660mm 或 W>480mm	
千印数 / 收费	PS 版 / 张	印刷费 / 千印	PS 版 / 张	印刷费 / 色千印
50~100	40	8.5	50	10.5
100~200	40	8.0	50	10.0
每专色加收	40	*0.25 色	50	*0.25 色
金银色加收	40	*0.50 色	50	*0.50 色
半满版 / 满版加收	*0.50/1.0 色		*0.50/1.0 色	

注：①半满版实地为网点大于 50% 小于 70%；满版实地为网点大于 70%；不干胶小标签加收 15%
印工；
②四色机印刷不满四色的印件时，加算 1 色，全张机印刷单色按 2 色计，印刷 3 色按 4 色
计算；
③括号内的是 SM74-4H 的印工，其余为 72V 和 SM74-4H 的印工；
④ * 表示价格随市场波动较大。

表 1-13 海德堡对开机印刷收费表

海德堡对开四色 CD102V 印刷收费			用纸长 L× 宽 W	
用纸尺寸 /mm	长边 < 720		长边 > 930	
千印数 / 收费	PS 版 / 张	印刷费 / 千印	PS 版 / 张	印刷费 / 色千印
< 3	–	450	–	550
3~10	50	20	60	25
10~20	50	19	60	24
20~50	50	18	60	23
50~100	50	17	60	22
> 100	50	16	60	21
每专色加收	50	*0.25 色	60	*0.25 色
金银色加收	50	*0.50 色	60	*0.50 色
半满版 / 满版加收	*0.50/1.0 色		*0.50/1.0 色	

注：①半满版实地为网点大于 50% 小于 70%；满版实地为网点大于 70%；不干胶小标签加收 15%
印工；
②四色机印刷不满四色的印件时，加算 1 色，全张机印刷单色按 1.5 色计，印刷 3 色按 3.5 色
计算；
③ * 表示价格随市场波动较大。

产品包装检测与评价

4. 印后加工费用估算

印后加工的费用主要包括包装产品的覆膜、烫金、上光、凹凸压印、模切、糊盒等工艺的费用。由于印后加工的工序繁多，一般都是由多道工序组合在一起进行收费。

（1）烫金、压印费用估算。烫金、压印（按成品尺寸计算）的收费主要包括制版费和烫金、压印费。其中，烫金、压印费根据烫金、压印次数和幅面的大小进行计费。但是烫金中所用的电化铝、色片等材料则要按实际面积大小收费。①不足 2000 次按 2000 次计价；②计价以 787mm×1092mm 纸张为标准，使用 850mm×1168mm 及以上规格的加价 20%；③每 3 万次计一次上版费；④计价方法是元/次；⑤特殊材料特殊计价。另外，采用大度纸烫金、压印时需要加价。

（2）覆膜收费标准。目前包装产品过程中的覆膜一般使用两种材料，一种是光膜，一种是亚光膜。在收费中按印品幅面大小和使用材料的不同，收费标准也不同。需要注意的是收费标准中包含了加工费和材料费。出现下列情况时可能需要加价：开窗覆膜、急件、使用大度纸覆膜。覆膜不足 2000 个按 2000 个计价，1 万以下按实际个数计，1 万以上按纸张大小计；计价以 787mm×1092mm 纸张为标准，使用 850mm×1168mm 及以上规格的加价 20%。计价方式是元/张。具体价格见表 1-14。

表 1-14 常见覆膜收费标准

幅面大小	收费标准/（元/张）	幅面大小	收费标准（元/张）
光膜对开大	0.26	亚光膜对开大	0.35
光膜对开正	0.23	亚光膜对开正	0.31
光膜四开大	0.14	亚光膜四开大	0.15
光膜四开正	0.12	亚光膜四开正	0.14
光膜八开大	0.14	亚光膜八开大	0.11
光膜八开正	0.12	亚光膜八开正	0.10

（3）折页计价。以第一折为基础，每增加一个折次，加价 30%；计价方式是元/千张。

（4）上光计价。上光不足 2000 个按 2000 个计价，1 万以下按实际个数计，1 万以上按纸张大小计；计价以 787mm×1092mm 纸张为标准，使用 850mm×1168mm 及以上规格的加价 20%；计价方式是元/张。

（5）模切计价。3000 次以内的产品按 3000 次基础价收费，超过部分加收每次费用；计价以 787mm×1092mm 纸张为标准，超过该规格的加价 30%；计价方法是基础价+元/次；加模具制版费。

模切工费 0.02~0.05 元/印次，加版费 30~200 元/版。

（6）粘纸盒、箱、书刊费用。根据大小、多少来定价，一般 0.005~0.02 元/手粘；包书封面 0.05~0.10 元/本，骑马订、平订 0.05 元/本，折页 0.01 元/手折；打号码 0.02~0.03 元/印次。

034

表 1-15 印后加工费用表

工艺名称	覆膜	覆亚光膜	上紫外光油	四开模切	对开模切	全张模切
收费标准	0.65 元 /m^2	0.80 元 /m^2	0.30 元 /m^2	0.02 元 / 次	0.03 元 / 次	0.10 元 / 次
最低收费	80	100	80	50*	80*	200*
工艺名称	烫金	折页	手提袋装订	胶订	三层瓦楞	五层瓦楞
收费标准	0.001 元 /cm^2	0.01 元 / 折	0.22~0.32/ 个	0.5 元 / 册	1.65 元 /m^2*	2.8 元 /m^2*
最低收费	150*	50	300	300	500	750

注：* 表示价格随市场波动比较大。

5. 包装加工材料费估算

就包装产品而言，材料费用是整个包装产品成本费用的大头，所以精确地控制材料的使用量是控制包装产品成本的最好方法。包装产品过程中的材料费主要是指承印材料费、电化铝等常用的材料费。所以在材料费的收取中一定要掌握材料用量的计算公式。

（1）纸张用量的计算。纸张用量的计算公式一般为：纸张的用量（令）=（页数 / 开本）× 印数 /500。目前市场上纸张大多以吨为计价单位，下面给出吨与令之间的计算关系：每令纸张的吨数 =（全张纸的面积 × 纸张的定量 ×500）/ 1000000。为了保证印数的准确性，而包装产品过程中每个工序又有一定的损耗，因此，在纸用量的计算过程中还要有一定的加放量。下面以北京地区纸张加放量为例来说明纸张加放的标准。

（2）纸张的加放。为了保证正确的印数，从包装产品工序开始，一般每增加一道工序都需要按一定的百分比加放用纸量。加放比例为全部用纸的 0.9% 左右。在包装产品工序中纸张的加放是每印一色都需要加放，比如印刷产品为 4 色，加放率为 0.9%，则在印刷工序中纸张的加放率为 3.6%。此外，在印刷中每色加放不足 60 张纸的，则按 60 张计。

包装产品总体报价公式为：

纸价 + 印前费用 + 开机费 + 印后费用 + 税率 10%（特殊情况除外）+ 送货车费（也可不加）= 客户心理价

实际案例：

有一家工厂需印包装盒（如图 1-32）10000 个，选用 250g/m^2 单面铜版纸过光胶；没有胶片，只提供另一家产品包装盒的样品供参考，规格 44mm×59mm。客户要求胶粘成型，问多少钱一个，以及最低价。

按步骤分四阶段计算。

①制作、设计费 1500 元（可多可少）；

②纸费 0.531×250g/m^2×8000（元 / 吨）÷500（张）÷4（开）×10000（个）×1.1%（损耗）=5310 元；

③印后加工 过塑费 + 模切费 + 粘盒费 + 模切版费 + 运费

0.40×10000+0.05×10000+0.05×10000+1500+80=400+500+500+1500+80=1630（元）；

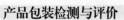

④开机费　2500元。

合计　1500元+5310元+1630元+2500元=10940元。

图1-32　包装盒样图

项目五　产品包装客服工艺员操作规范

1. 合同、核价单的审核

（1）合同上必须有客户签字及核价员签字，并根据合同打印核价单；对合同上的工艺结合核价单进行复核，如有不合格，如数量、规格、材料名称不对，漏项目，合同、核价单内容不一致等，需向核价部门反映，并及时通知业务员，同时做好书面记录。

（2）客户资源的审核。

①包装产品必须提供注册商标证，客户抬头与商标拥有者不符时，必须提供商标印制委托书。

②出版物需提供新闻出版局的四联单，凡超出公司经营范围的产品，有权拒绝生产。

（3）材料的确认。

①凡合同上涉及的原辅材料都要逐一确认，如无库存都必须写采购单，交采购部门。

②业务员未签合同，但须预先采购材料，必须有上级领导的审批，方可写采购单。

2. 包装产品规格要求确定

（1）包装盒的打样确认。

①对于一些复杂的盒型或不成熟工艺需打样确认。

②对于客户要求高的产品也可以打成品样，在打样中把产生的问题及时反馈于业务员或客户。

③一般的卡纸或白板纸的盒型可以上划样机划样确认。

（2）包装产品的胶片检查。

①确定胶片上的标准颜色是否正确。如是专色，专色的 PANTONE 号是否正确，同时通知技术部门配置专色配方，并在打样时记录湿密度值。

②确定胶片上的专色是否做叠透，叠透的效果是否准确。

③排版方式是否产生鬼影，如易产生鬼影，可以用在空白处补颜色的办法。

④由于包装盒有时会拼多联印刷，在后道工序中容易混淆，需检查胶片的糊口处是否加上标记和三角。

⑤盒子的锁底和糊口处胶片上的颜色需让开，但也不能让得太大，以便盒子糊好后需白底。

⑥有条码的产品需扫描条码，出口的产品胶片上的条码检测需通过 A 级，国内的产品胶片上的条码可通过 B 级。

（3）包装产品的工艺确定。

①检查开料尺寸是否合理，拼版是否合理，有无浪费纸张。可考虑盒子的插拼或大小开的工艺，纸张丝缕方向垂直于长边，瓦楞纸箱，瓦楞方向与地面垂直，纸张丝缕与瓦楞垂直。

②确定印刷的色序。有些盒子专色多的情况，需确定印刷颜色的色序，对于反白字和颜色扣套的地方可放在印刷的叼口和拉纸处，但对于后工艺复杂的产品，需按每个不同产品的工艺来确定叼口和拉纸的方向。

③需上自动模切机的产品糊口需放在咬口处，方便模切时打连点，上自动模切机叼口必须 ≥ 10mm，不能借叼口。

④对于有些包装盒需联机上光或上底油，或外发上光或过 UV 油的，需在糊口和锁底处做光油让开处理，以便增加糊盒的牢度。

⑤对于一些颜色深量大的产品，印刷时需控制喷粉量，因后道工序要做光油处理，印刷整理后 24h 才能外发。

⑥检查模切的成品尺寸是否太小，成品尺寸是否在纸张的 2mm 内，模切需用底模条，对于上自动包装机的盒子，模切时需用底模板，增加折线的挺度和多联版一致性。

⑦检查糊盒的包装盒下底的舌头是否偏大或偏小，糊口大小是否合适，如是上自动糊盒机，须确认糊口位置（方法是将包装盒展开后放在桌面上印面朝上正向摊平，糊口应该在左边）。

⑧印刷 PP 材料需上保护油，对于 PVC 或 PET 盒子上面积大的白版处需二印，白版需上保护油，糊口处不能有颜色，糊口的粘连处有颜色，糊口需粘在外面。

⑨如果是 PVC 或 PET 材料需印刷的，可采用覆卷筒保护膜后再分切白料后印刷的工艺，以减少印刷中的划伤，注意开切保护膜的门幅需比 PVC 或 PET 材料小

5mm。

（4）包装产品的外箱包装要求。

①盒子的外包装箱如是尺寸大的需订购五层瓦楞箱。

②天地盖的盒子需平放包装，数量不能过多，以免外箱过大。

③糊盒的盒子需侧面向上，竖放，松紧根据盒子大小不同，装好后摇晃无声音。

④如是多种盒形和大小容易产生混淆的产品需在外箱上贴明不同颜色的圆形不干胶加以区分。

⑤包装方式必须符合运输要求：防震、防潮、堆高、耐摩擦等功能。

3. 开施工单

（1）开单。

①充分了解产品的制作要求方可开施工单。

②开单前首先要确认库中是否有纸张，以及相应的辅料、包装等，如没有应及时通知采购部门，不耽误产品的交货期。

③开单时对于财务打的合同要审核，客户名称、产品名称、交货期、数量及代料、来料。

④对于每道工序要求，都要分别描述。

⑤写不清楚的内容注明当面交接。

（2）查施工单。

①开完单子，要认真与核价单对比，复查一遍开数、联数、数量及是否漏项。印刷色序及后道工艺是否有差错，是否把合同上所有的工艺要求、内容全部反映在施工单上，有特别说明的都要在备注里写清楚。另外，印刷放张和模切的次数和每次的联数都应在施工单上注明。

②确认正确无误，把施工单、产品送入车间。

（3）与 CTP 的交接把关。

①开料尺寸与线数、曲线的交接。

②版式的确认，划好拼版图。

③在纸张允许的情况下装上信号条。

④做 Traping。

⑤做好 CTP 后，对产品进行把关，检查尺寸、拼版是否符合要求，是否有差错。

4. 工艺的把关、确认、交接、沟通

（1）确认产品在生产过程中的可行性、可靠性。

（2）对于一些不确定的工艺：

①做打样确认。

②与生产部负责人确认。

（3）与生产车间的交接主要以施工单为主，其次为签样、实样，复杂产品要当面交接。

（4）系列产品要通单。

（5）生产部门在生产时发生签样与要求不一致时：

①及时与生产部门沟通。

②找出原因，并作处理。

③涉及印前的要做出改正方法，并与业务员沟通。

（6）在生产过程中客户要改变工艺时：

①书面形式通知相关部门。

②重新对工艺做出确认。

③对于材料、成本的重新把关。

（7）工艺跟踪。确认产品与预期效果的一致性。

5. 打样产品

（1）由业务员填写打样单，工艺科长核价、签字，工艺员负责打样工艺的交接、跟踪、质量把关、打样的进度。

（2）输入打样的施工单。

（3）上机打样的产品必须由领导签字，方可操作。

（4）在打样过程中有异常情况，及时与业务员沟通。

（5）打样的产品，在生产过程中遇到的问题要与业务员沟通，以便业务员在签合同时对交货期、成本效率考虑周到。

（6）复杂产品打样前与生产部门或公司领导沟通确定工艺。

（7）打样前先打数码稿，根据实际情况确认工艺及拼版方式。

6. 产品的跟踪

（1）合理安排工艺，并对产品进行跟踪检查。

（2）在跟踪中，积累自己的经验，更合理安排工艺，掌握工序不同难易度的损耗。

训练与测试

1. 纸包装成型方法与塑料、玻璃、金属包装等需要模具成型的包装容器有明显差异，因此，其结构设计方法也与众不同，纸包装所画的结构图为（　　）。

　　A. 平面展开图　　　B. 三视图　　　　C. 俯视图　　　　D. 平视图

2. 纸包装绘图符号由 FEFCO 与 ESBO 制定，ICCA 采纳在世界范围内通用。图 1-33 是典型的折叠纸盒结构设计图，图中的单虚线代表（　　）。

　　A. 内折压痕线　　B. 外折压痕线　　　C. 内折切痕线　　D. 外折切痕线

3. 图 1-33 是典型的折叠纸盒结构设计图，图中的点划线代表（　　）。

　　A. 内折压痕线　　　B. 外折压痕线　　　C. 内折切痕线　　D. 外折切痕线

4. 图 1-33 是典型的折叠纸盒结构设计图，图中的实线代表（　　）。

　　A. 内折压痕线　　　B. 轮廓线　　　　　C. 内折切痕线　　D. 外折切痕线

5. 图 1-34 是典型的折叠纸盒结构设计图，图中的点虚线代表（　　）。

　　A. 内折压痕线　　　B. 轮廓线　　　　　C. 打孔线　　　　D. 外折切痕线

6. 在纸包装结构展开图中的虚线，代表（　　）。

A. 内折压痕线   B. 轮廓线   C. 打孔线   D. 作业切痕线

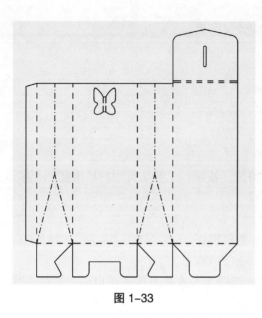

图 1-33

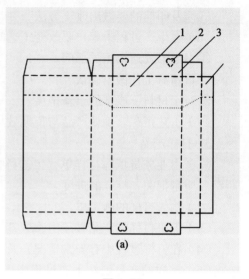

(a)

图 1-34

7. 纸盒（箱）接头方式，如采用黏合剂黏合，请在纸盒（箱）接头部位画出下列哪种符号（　　）?

A. ∧∧∧∧∧∧∧∧∧∧∧∧∧∧

B. <<<<<<<<<<<<<<

C. ||||||||||||||||||||||

D. ﹀﹀﹀﹀﹀﹀﹀﹀﹀

8. 图 1-35 为常用提手的结构图，从人体工程学角度考虑，提手长度 a 建议取（　　）。

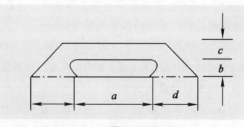

图 1-35

A. 86mm   B. 50mm   C. 21mm   D. 15mm

9. 图 1-35 为常用提手的结构图，从人体工程学角度考虑，提手宽度 b 建议取（　　）。

A. 31mm   B. 20mm   C. 25mm   D. 10mm

10. 图 1-35 为常用提手的结构图，从人体工程学角度考虑，提手高度 c 建议取（　　）。

A. 15mm   B. 21mm   C. 50mm   D. 10mm

11. 瓦楞纸板所用面纸、里纸等级为 B 级，定量为 230g/m²；瓦楞芯纸等级为 C 级，定量为 112g/m²；瓦楞楞型为 E 型，可表示为（　　　）。

    A. B-230・C112・B-230EF   B. C-230・B112・C-230EF

    C. B-112・C230・B-112EF   D. C-112・B230・C-112EF

12. 在设计时，采用 BC 瓦楞，计算尺寸时 BC 瓦楞纸板的厚度按多少计算？（　　　）

    A. 7mm   B. 5mm   C. 4mm   D. 3mm

13. 加工 0201 型瓦楞纸箱所用的材料为 C 瓦楞，纸板规格为 500mm×1000mm，请问下列哪个描述是正确的？（　　　）

    A. 500mm 尺寸为与黏合线平行的盒（箱）坯尺寸，也为瓦楞楞向。

    B. 500mm 尺寸为与黏合线垂直的盒（箱）坯尺寸。

    C. 1000mm 尺寸为与黏合线平行的盒（箱）坯尺寸，也为瓦楞楞向。

    D. 1000mm 尺寸为与黏合线垂直的盒（箱）坯尺寸。

14. 设计正四棱柱管式折叠纸盒，盒盖采用连续摇翼窝进式，如图 1-36 所示，盒盖成型时可组装成优美的图案，图中所标的角 $\alpha/2$ 应取多少度？（　　　）

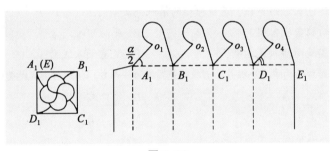

图 1-36

    A. 45°   B. 60°   C. 30°   D. 50°

15. 设计正六棱柱管式折叠纸盒，盒盖采用连续摇翼窝进式，如图 1-37 所示，盒盖成型时可组装成优美的图案，图中所标的角 $\alpha/2$ 应取多少度？（　　　）

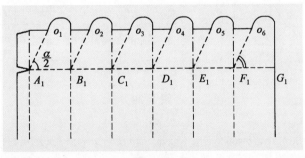

图 1-37

    A. 45°   B. 60°   C. 30°   D. 50°

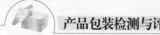

16. 设计正八棱柱管式折叠纸盒，盒盖采用连续摇翼窝进式，如图 1-38 所示，盒盖成型时可组装成优美的图案，图中所标的角 $\alpha/2$ 应取多少度？（   ）

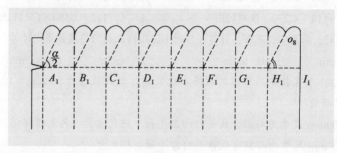

图 1-38

    A. 45°   B. 60°   C. 67.5°   D. 50°

17. 习惯上称为 123 底的封底结构是（   ）。

    A. 快速锁底式   B. 自动锁底式   C. 插锁式   D. 黏合式

18. 被称为纸包装盒的鼻祖，是最原始的第一个盒型的是（   ）。

    A. 自动锁盒底盒型   B. 反向插入式盒型

    C. 法国反向插入式盒型   D. 笔直插入式盒型

19. （   ）封口结构中每个襟片的形状都是图案的一部分，插别后形成精美的图案。

    A. 摩擦式   B. 锁口式

    C. 插锁式   D. 襟片连续插别式

20. 笔直插入式纸盒最大的特点是（   ）。

    A. 成型简单   B. 能做开窗处理   C. 耗材少   D. 成型后挺括

21. 有一纸盒，长、宽、高分别为 140mm、100mm、200mm，底部结构为锁底式，如图 1-39 所示，图中底部 $\angle a$ 与 $\angle b$ 分别取（   ）。

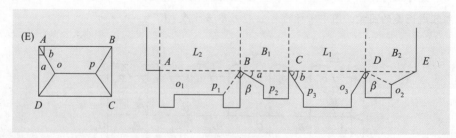

图 1-39

    A. $\angle a=30°$，$\angle b=60°$ B. $\angle a=45°$，$\angle b=45°$

    C. $\angle a=50°$，$\angle b=40°$ D. $\angle a=60°$，$\angle b=60°$

22. 有一纸盒，长、宽、高分别为 200mm、100mm、200mm，底部结构为锁底式，如图 1-40 所示，图中底部 $\angle a$ 与 $\angle b$ 分别取（   ）。

A. ∠a=30°，∠b=60°   B. ∠a=45°，∠b=45°

C. ∠a=50°，∠b=40°   D. ∠a=60°，∠b=60°

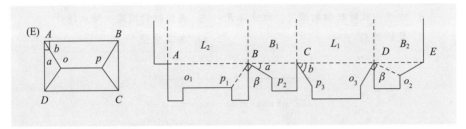

图 1-40

23. 自动锁底式纸盒最大优点是（   ）。

    A. 容装产品时，只要撑开盒体，盒底自动成封合状态，省去了成型工序和成型
时间

    B. 省材

    C. 盒体折叠可压成平板状

    D. 可容装较重的产品

24. 锁合襟片结构的切口、插入与连接方式表达不正确的是（   ）

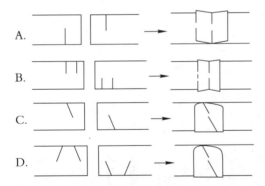

A.

B.

C.

D.

25. 图 1-41 中用椭圆标出的结构部分，它的作用是（   ）。

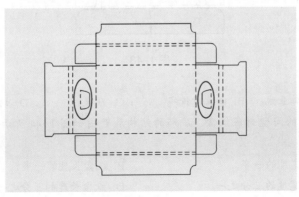

图 1-41

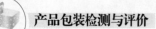

A. 手挽口　　　　　　　　　　　　　　B. 开窗

C. 方便结构，回收时下压此部分，盒内壁很容易拆开　　　D. 易撕开结构

26. 图1-42中用椭圆标出的结构部分，它的作用是（　　　）。

　　A. 方便回收对折时的固定，防止弹开　　B. 成型时的固定，防止弹开

　　C. 装饰作用　　　　　　　　　　　　D. 加工方便

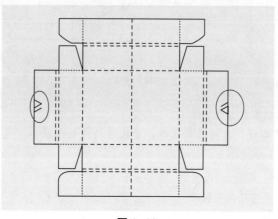

图1-42

27. 图1-43中标出虚线①的作用是（　　　）。

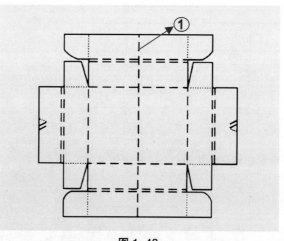

图1-43

　　A. 成型作业线　　B. 回收对折线　　　C. 压痕线　　　D. 切痕线

28. 设计2×3的间壁封底纸盒，底部的结构展开图如图1-44所示，图中AH长度为（　　　）。

　　A. 纸盒宽度的一半　　　　　　　　B. 纸盒长度的一半

　　C. 纸盒宽度的三分之一　　　　　　D. 纸盒长度的三分之一

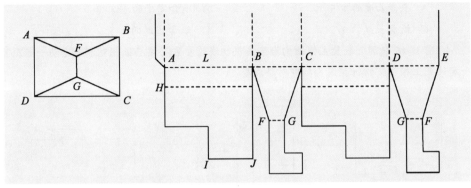

图 1-44

29. 设计 2×3 的间壁封底纸盒，底部的结构展开图如图 1-44 所示，图中 F 到 BC 的垂直距离为（　　）。

    A. 纸盒宽度的一半　　　　　　　　　B. 纸盒长度的一半

    C. 纸盒宽度的三分之一　　　　　　　D. 纸盒长度的三分之一

30. 设计 2×3 的间壁封底纸盒，底部的结构展开图如图 1-44 所示，图中 FG 的长度为（　　）。

    A. 纸盒宽度的一半　　　　　　　　　B. 纸盒长度的一半

    C. 纸盒宽度的三分之一　　　　　　　D. 纸盒长度的三分之一

31. 设计 5×2 的间隔纸盒，间壁是利用前板或中隔板的延长板设计衬格，结构展开如图 1-45 所示，图中 FG 的长度为（　　）。

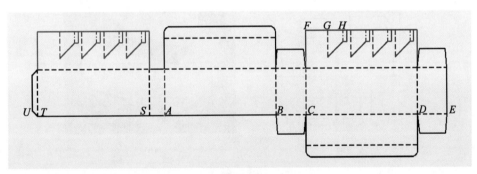

图 1-45

    A. 纸盒长度的 1/5　　　　　　　　　B. 纸盒宽度的 1/2

    C. 纸盒长度的 1/2　　　　　　　　　D. 纸盒宽度的 1/5

32. 设计 5×2 的间隔纸盒，间壁是利用前板或中隔板的延长板设计衬格，结构展开如图 1-45 所示，图中 GH 的长度为（　　）。

    A. 纸盒长度的 1/5　　　　　　　　　B. 纸盒宽度的 1/2

    C. 纸盒长度的 1/2　　　　　　　　　D. 纸盒宽度的 1/5

33. 设计 5×2 的间隔纸盒，间壁是利用前板或中隔板的延长板设计衬格，结构展开如图 1-45 所示，图中 SA 的长度为（　　）。

A. 纸盒长度的 1/5   B. 纸盒宽度的 1/2

C. 纸盒长度的 1/2   D. 纸盒宽度的 1/5

34. 图 1-46 中哪个纸盒主体结构沿某条裁切线的左右两端纸板相对水平运动一定距离且在一定位置上相互交错折叠成型，即对移成型？（　　　）

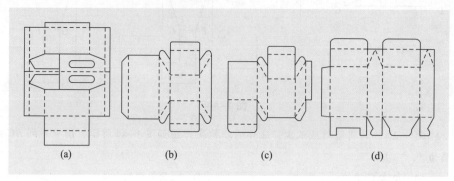

图 1-46

35. 图 1-47（a）为结构展开图，图 1-47（b）为纸盒立体成型图，图 1-47（a）中 AB 的长度为（　　　）。

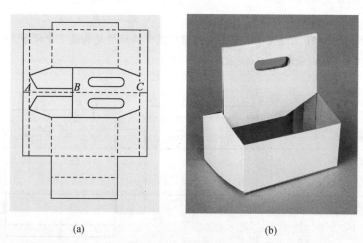

(a)   (b)

图 1-47

A. 纸盒的宽度   B. 纸盒的长度

C. 纸盒宽度的一半   D. 纸盒长度的一半

36. 图 1-47（a）为结构展开图，图 1-47（b）为纸盒立体成型图，图 1-47（a）中 BC 的长度为（　　　）。

A. 纸盒的宽度   B. 纸盒的长度

C. 纸盒宽度的一半   D. 纸盒长度的一半

37. 通常所说的纸张规格为大度，其具体尺寸是（　　　）。

A. 889mm×1194mm   B. 800mm×1000mm

C. 1000mm×1200mm
D. 787mm×1092mm

38. 通常所说的纸张规格为正度，其具体尺寸是（   ）。

A. 889mm×1194mm
B. 800mm×1000mm

C. 1000mm×1200mm
D. 787mm×1092mm

39. 纸盒的生产工艺流程图，下列哪个是正确的？（   ）

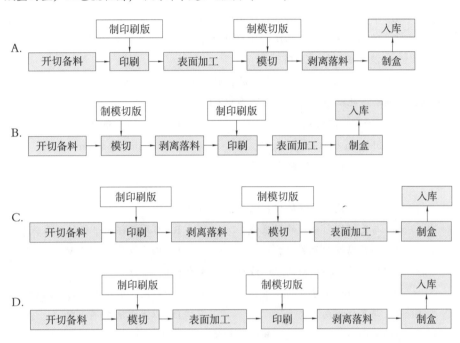

40. 彩面小瓦楞纸盒的加工工艺是什么？（   ）

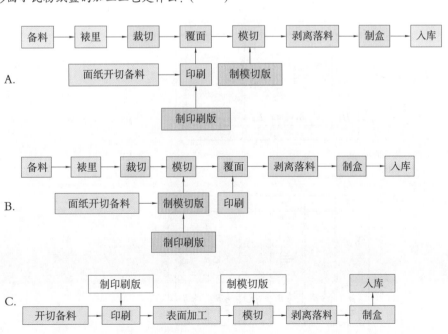

D.

41. 有关印刷面半切线描述正确的是（　　）。

　　A. 印刷面半切线是从纸的印刷面方向将纸在厚度上切断 1/2

　　B. 印刷面半切线是从纸的印刷面方向将纸在厚度上切断

　　C. 印刷面半切线是从纸的印刷面反方向将纸在厚度上切断 1/2

　　D. 以上描述都不正确

42. 采用 0201 型瓦楞纸箱包装商品，纸箱长宽高为 200mm×150mm×200mm，材料为 B 瓦楞，请问制造此纸箱开料尺寸应为多少？（　　）

　　A. 350mm×735mm　　　　　　　B. 735mm×350mm

　　C. 350mm×700mm　　　　　　　D. 700mm×350mm

43. 五层瓦楞纸板 AB 瓦楞的厚度为（　　）。

　　A. 6mm　　　　B. 8mm　　　　C. 10mm　　　　D. 5mm

44. 通常所说的瓦楞纸箱的横压线说法正确的是（　　）

　　A. 与瓦楞楞向垂直的压痕线　　　B. 与瓦楞楞向平行的压痕线

　　C. 与瓦楞楞向无关　　　　　　　D. 以上说法全不正确

45. 通常所说的瓦楞纸箱的纵压线说法正确的是（　　）

　　A. 与瓦楞楞向垂直的压痕线　　　B. 与瓦楞楞向平行的压痕线

　　C. 与瓦楞楞向无关　　　　　　　D. 以上说法全不正确

46. 下面哪个为普通包卷式纸箱的结构展开图？（　　）

　　A.

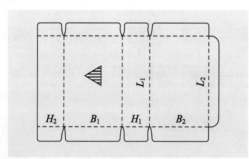

　　B.

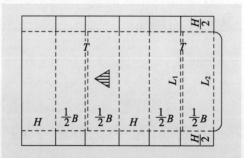

C.

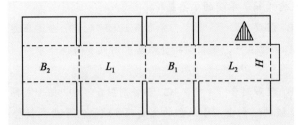

D. 以上三个都不是。

47. 下图哪个是 F 型包卷式纸箱的结构展开图?（　　　）

A.

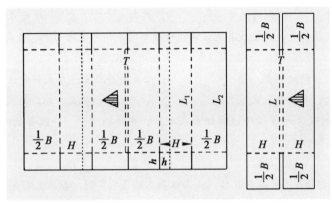

B.

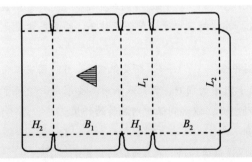

C.

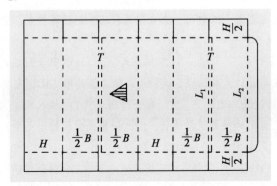

D. 以上三个都不是

48. 在船运或仓储中，纸盒（箱）承受的主要是（　　）。

    A. 堆码压力　　B. 湿度　　　　C. 低气压　　　D. 搬运压力

49. （　　）方式，适应机械化生产，是目前折叠纸盒采用最多的接合方式，也是瓦楞纸箱封合发展的方向。

    A. 订合　　　　B. 胶带封合　　C. 黏合剂黏合　D. 插舌式插入

50. 纸盒设计时，注意纸板的纹向垂直于纸盒的主要压痕线。对于盘式折叠纸盒，纸板的纹向垂直于纸盒的（　　）。

    A. 长度方向　　B. 高度方向　　C. 宽度方向　　D. 任意方向

51. ＿＿＿＿又称容积尺寸，它是测量盛装量大小的一个重要依据，是计算纸盒或纸箱容积和商品或内包装配合的重要依据。

    A. 外部尺寸　　B. 制造尺寸　　C. 内部尺寸　　D. 长度尺寸

52. 纸盒是纸板经过折叠、粘贴或其他方法组合成型的纸制包装容器。它主要分为＿＿＿＿和＿＿＿＿两大类。

    A. 折叠纸盒、粘贴纸盒　　　　　　B. 管式折叠纸盒、盘式折叠纸盒

    C. 折叠纸盒、非管非盘式纸盒　　　D. 管盘式折叠纸盒、粘贴纸盒

53. 折叠纸盒是把较薄的纸板经过裁切和压痕后，主要通过＿＿＿＿组合的方式成型的纸盒。

    A. 订接　　　　B. 粘贴　　　　C. 折叠　　　　D. 胶接

54. ＿＿＿＿的不足之处是由于这种瓦楞纸板面纸和里纸质地不同，黏结也有先有后，所以容易翘曲。

    A. 瓦楞纸盒　　B. 彩瓦纸盒　　C. 蜂窝纸盒　　D. 折叠纸盒

55. ＿＿＿＿由一页纸板折叠构成，其边缝接口通过黏合或订合，而盒盖盒底是通过摇翼组装来固定和封口的纸盒。

    A. 手工纸盒　　B. 粘贴纸盒　　C. 折叠纸盒　　D. 固定纸盒

56. ＿＿＿＿是纸盒内装物（商品）进出的门户，因此人们对其要求是必须便于内装物装入和取出，且内装物装入后，不得自动打开，以起到保护内装物的作用。

    A. 盒壁　　　　B. 盒身　　　　C. 盒底　　　　D. 盒盖

57. 采用一次性的开启结构，防止造假者利用旧包装造假的盒盖是＿＿＿＿。

    A. 防潮盒盖　　B. 防漏盒盖　　C. 防伪盒盖　　D. 防水盒盖

58. ＿＿＿＿一般靠摩擦力来固定盒盖，一般由一个主摇翼和两个副摇翼构成，它具有再封盖作用，可以包装家庭用品、玩具、医药品等。

    A. 插入式　　　B. 锁口式　　　C. 摇盖式　　　D. 黏合封顶式

59. ＿＿＿＿盒盖结构是插入式与锁口式相结合，这种形式的盒盖的固定比较可靠。

    A. 锁口式　　　B. 插锁式　　　C. 黏合封顶式　D. 插入式

60. ＿＿＿＿盒盖就是将一个主盒面的摇翼适当延长，通过折叠成型或黏合成型，这种盒盖在香烟包装中比较常见。

    A. 插入式　　　B. 锁口式　　　C. 摇盖式　　　D. 黏合封顶式

61. ＿＿＿＿盒盖是将盒盖的四个摇翼进行黏合的封顶结构，这种盒盖的封口性能较好，并且往往盒盖和盒底一起使用，常用于密封性要求较高的包装，如感光胶片的小包装盒。

    A. 插入式   B. 锁口式   C. 摇盖式   D. 黏合封顶式

62. 纸盒的＿＿＿＿主要承受内装物的重量，也受压力、振动、跌落等情况的影响。其结构若过于复杂，采用自动装填机和包装机就会影响生产，而手工组装又会耗费时间。

    A. 盒壁   B. 盒身   C. 盒底   D. 盒盖

63. ＿＿＿＿盒底成型以后仍可折叠成平板状，而到达纸盒自动包装生产线后，只需张盒机构撑开盒体，盒底即自动恢复原封合状态，省去了锁底式结构需手工组装的工序和时间。

    A. 锁底式   B. 自动锁底式   C. 掀压封底式   D. 黏合封底式

64. 关于彩面瓦楞纸盒，下列说法正确的是＿＿＿＿。

    A. 彩面瓦楞纸盒所用的瓦楞通常为小 E 瓦

    B. 彩面瓦楞纸盒所用的瓦楞通常为 K 瓦

    C. 彩面瓦楞纸盒所用的瓦楞通常为 A 瓦

    D. 彩面瓦楞纸盒所用的瓦楞通常为小 B 瓦

65. 纸与纸板的区分标准是由下列哪个指标决定的？＿＿＿＿

    A. 面积   B. 重量   C. 体积   D. 定量

66. 在国家标准 GB 1286-1991《纸箱制图》纸包装结构设计的通用规则中，切槽线用＿＿＿＿线条表示。

    A. 粗实线   B. 细实线   C. 点划线   D. 虚线

67. 在国家标准 GB 1286-1991《纸箱制图》纸包装结构设计的通用规则中，外折叠线用＿＿＿＿线条表示。

    A. 粗实线   B. 细实线   C. 点划线   D. 双点划线

68. 管式折叠纸盒的最初含义是指这类纸盒＿＿＿＿所位于的盒面，在诸个盒面中面积最小。

    A. 摇翼   B. 侧板   C. 盒底   D. 盒盖

69. 纸板的厚度通常在＿＿＿＿之间。

    A. 0.1～0.3mm   B. 1.0～2.0mm   C. 2.0～3.0mm   D. 0.3～1.1mm

70. 模切的主要作用是＿＿＿＿。

    A. 切断与折叠   B. 压痕与制盒   C. 切断与压痕   D. 压痕与印刷

71. 双芯双面瓦楞纸板是＿＿＿＿层瓦楞纸板。

    A. 2   B. 3   C. 4   D. 5

模块二
纸盒包装检测与评价

知识目标

熟悉纸盒包装的设计规则、材料特性、表面整饰效果；熟悉纸盒包装立体成型检测和评价的知识概要。

能力目标

掌握纸盒包装设计方案的制作；能根据印刷设备、模切设备、糊盒设备制定合理的加工工艺流程；能对纸盒包装的制盒、胶印和凹印质量进行检测；能够比较准确进行纸盒包装的估价。

情感目标

培养耐心细致的工作态度；提高对纸盒包装市场趋势的捕获能力。

包装是产品由生产转入市场流通的一个重要环节，在市场经济的大环境下，每个企业都在探索自己的产品进入市场，参与流通与竞争的手段和方法。产品包装以其所处的地位，已成为人们愈来愈重视的经营环节，它最直接地参与了市场竞争，成为市场销售战略中的一个强有力的武器。产品包装为不少的成功者带来了丰厚的利润，也给经营失败者引发了不少教训和感慨，在今天不断发达的市场经济中，具有举足轻重的地位。而在市场销售包装中，纸盒包装因其质地轻巧柔韧，易于加工，造型结构多样，成本低廉，便于印刷、商品展示、运输、储存、环保及回收，而成为应用最广泛的一种商品包装形式。

纸盒作为商品包装的主要形式之一，由于有较低成本等优点，在包装行业内被广泛采用。纸的特殊性决定了纸通过切、扎、折叠、黏合等一系列工艺程序，容易形成符合商品各种要求的具体纸盒包装形态；另外纸盒包装以其自身特有的优势，得到了长足的发展。首先，纸盒包装给人一种有序、安全可靠的印象，具有一种原始自然的风味，易于开启，拿取方便，处理简单，尤其是在传递产品品牌名字和自然风味上更为有效；其次，纸盒包装会散发出一种愉悦的感觉——温暖、透气，甚至还有香味。使产品看上去不是受到了包装的束缚，而是兼顾了表面膜层、牢固和彩光效果；尤其匹配于某种文化气息，更是高级产品的理想包装，如图2-1~图2-4。

图 2-1 机电包装

图 2-2 饼干包装

图 2-3 护肤品包装

图 2-4 香皂包装

　　折叠纸盒是一种应用非常广泛的绿色包装容器,不但广泛用于药品、食品、香烟及工艺品的包装,也用于软饮料、洗涤用品、文教用品、小五金制品。包装折叠纸盒具有加工成本低、储运方便,适用各种印刷方式,而且折叠纸盒适用于自动包装,便于销售和陈列,具有回收性好,利于环境保护等特点。随着人们环保意识的进一步增强,折叠纸盒广泛应用于果汁、牛奶、熟食、点心、药品以及化妆品等产品的包装中。再加上其在折叠之前可以平板状进行堆码、运输和储存,大大降低了储存和运输费用,近年来取得了飞速进展。随着人们生活水平不断提高,对折叠纸盒的需求量将会不断增加,而且对纸盒的生产质量也提出了更高的要求。

项目一 折叠包装纸盒的方案设计

　　随着化妆品品牌的日益增多,化妆品包装也在不断推陈出新,然而在当前低碳环保大背景下,纸制包装将成为新的趋势。折叠纸盒便于销售和陈列商品,有利于商品的宣传和销售，适用各种印刷方式，其装潢设计、制版、印刷以及表面整饰是影响纸盒外观质量的主要因素。下面以某公司出售的珍珠化妆品包装（图 2-5）进行分析。

图 2-5　珍珠化妆品包装

一、珍珠化妆品的外销售包装的结构设计

该产品主要定位在高端消费人群，根据容量为 60mL、150mL 和 60g 的包装特点，设计成长方形体和正方体。纸盒的结构采用自锁底插卡式，努力做到合理、省料、美观、实用，如图 2-6。

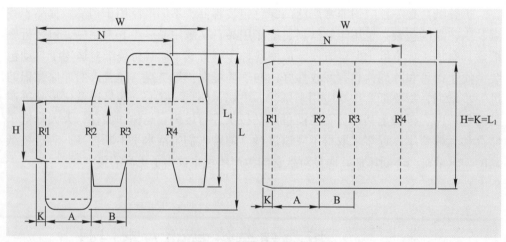

图 2-6　管式折叠纸盒结构图

该包装的设计主要从以下几点要求来考虑：

1. 加工因素

①在满足产品保护功能的前提下，开发最合理、最省料的纸盒结构。

②确保成品在包装印刷企业内部搬运、储存、配送过程中保护完好。

2. 客户因素

①满足客户自动化包装生产线的需求。

②满足客户在企业内部搬运、储存、配送的需求。

③满足所有市场目标。

3. 消费者因素

①功能性达到消费者需求。

②具有较好的便利性。

③满足消费者在实用性、美观性和环保性等方面的需求。

④对产品的优点及特性有增强和提升的作用。

二、珍珠化妆品的外销售包装盒材料选择

材料是决定包装产品是否符合绿色环保要求的重要因素。材料中的有害物质的含量是否在客户限定的范围内，是否符合国内、国际法规的要求，这些都是广大化妆品生产商和包装印刷企业需要考虑的内容。对于化装品纸盒包装，主要从以下三种材料进行控制。

1. 印刷油墨

采用胶印 UV 油墨，由于溶剂型墨中含有的大量挥发性有机化合物，对人体有害，因此目前要求取代溶剂型油墨的呼声越来越高，环保型油墨（如大豆油油墨、UV 油墨、水性油墨及水性 UV 油墨等）开始进入人们视线，并被越来越广泛地应用于化妆品纸盒包装的印刷。另外，特种油墨（如珠光油墨、镭射油墨等）也被越来越多地用于取代某些表面整饰工艺，在一定程度上减少了整个化妆品纸盒包装的加工流程，受到行业的青睐。

2. 纸张

据不完全统计，2011 年我国包装用纸消耗最大，约为 3000 万吨，是四大包装材料中消耗最多的材料，因此对纸张进行回收利用，或是采用回收纸张生产纸盒包装，对低碳环保具有重要的意义，另外还应该考虑印刷的效果和成型效果，采用 $350g/m^2$ 的白卡纸板。

3. 辅助材料

用于化妆品纸盒包装的辅助材料基本上是化工产品，如光油、胶黏剂等。采用环保型辅助材料可大大降低化工产品中有害物质对生产人员的危害。如采用水性光油、水性胶黏剂、水性吸塑油。

三、珍珠化妆品的外销售包装盒表面加工工艺设计

如何使化妆品纸盒包装在低碳环保的前提下满足客户的个性化需求，并体现其市场定位与品牌价值，需重点关注其加工工艺设计环节。而在加工工艺的设计过程

中，环保、低成本、展示产品特性、提升货架吸引力是化妆品纸盒包装应体现的基本要素。所以，在外销售包装上要体现出珍珠纯美、圆润、高贵、典雅的魅力，可以考虑以下两个效果。

1. 提高视觉效果

（1）UV上光工艺。UV光油是一种常用的表面整饰材料，既能很好地保护墨层，避免纸盒包装上的印刷图案被刮花，又能很大程度上提高纸盒包装的光泽度。对于实际生产过程有两种加工设备：在线上光和离线上光。离线UV上光方式，即在完成印刷后单独进行上光，不仅生产效率低，还有可能在上光前的搬运过程中刮花印刷品表面的印刷图案。在线上光就是用带有UV上光机组的胶印机实现连线UV上光，即在印刷完成后直接在印品表面进行UV上光，效率更高，且减少工艺流程，更加符合绿色环保的理念。

（2）烫金工艺。为了增强图案的金属色泽的效果，可添加烫印工艺。在化妆品纸盒包装行业，传统热烫印技术已经非常成熟，但由于部分企业的设备配置原因表现出其效率低、能耗高、烫印图案简单、套准精度差等缺陷，越来越难以满足客户的个性化需求。然而，连线冷烫工艺的出现在很大程度上解决了这些问题，其速度快、效率高，且可对冷烫图案进行设计，从而达到不同的烫印效果，大大提升了化妆品纸盒包装的视觉效果和档次，如图2-7。

(a)   (b)

图2-7 烫金效果

（3）镭射效果。为了进一步增强光泽效果，可以添加镭射光泽效果。在实现镭射效果方面，化妆品纸盒包装行业目前应用较多的是镭射纸，即在银卡纸表面压印镭射效果，但是其存在与银卡同样的问题，即其表面复合PET薄膜较难降解。因此市场上又出现了镭射转移卡纸，其与镀铝转移纸的性质相同，只是增加了镭射效果。此外包装印刷行业还开发出了镭射压印转移工艺，即通过专门的设备将镭射效果转移到纸盒包装表面，实现与镭射纸相同的镭射效果，但不存在污染问题，同时镭射压印转移工艺还可对镭射图案进行设计，能对化妆品纸盒包装起到很好的装饰作用，大大提升化妆品的货架吸引力。

2. 提高触觉效果

（1）压凹凸工艺。压凹凸是用于提升化妆品纸盒包装触觉效果最常用的一种工艺。压凹凸的高度和面积能给化妆品纸盒包装的特殊部位带来不一样的立体效果，从而引起消费者的兴趣与注意，如图2-8。然而，目前大多数包装印刷企业所采用的都是离线压凹凸工艺，效率较低，且套印精度差。因此为了提高压凹凸工艺的效率，一些跨国设备制造商研制出连线压凹凸设备，能与模切压痕或连线冷烫相配合，大幅度提升压凹凸的效率与精度，迎合市场需求。

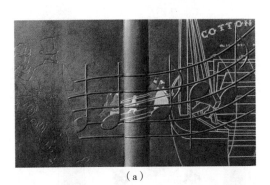  

（a）　　　　　　　　　　　　　　　　　　　　（b）

图 2-8　压凹凸效果图

（2）磨砂工艺。包装印刷企业通常采用丝网印刷工艺实现磨砂、雪花、冰点、锤纹等效果，使化妆品纸盒包装产生特殊的质感，从而给消费者带来较强的触觉效果，但是网印速度低成为制约其发展的一大因素。因此，包装印刷企业开始尝试通过凹凸或胶印工艺与特殊材料结合的方式来实现网印效果，如胶印连线逆向磨砂技术便能很好地实现磨砂效果，不仅能使化妆品纸盒包装更具有档次、立体感，还能大大提高生产效率，节约成本与能源。

项目二　折叠纸盒的工艺设计分析

折叠纸盒生产企业要出色地完成每一批活件，需要一系列高效的管理互相配合，折叠纸盒生产工艺的编制就是管理中值得注意的一个重要部分。折叠纸盒生产工艺的编制是一个对文件资料信息的合成、分解、再合成的过程，对客户提供的各类图像、文字、设计信息进行整合，构成完整的生产信息元素，再对这些信息元素进行印前分解，使之形成生产的基本单元，随后通过制版、印刷再将分解后的基本单元合成印制出彩色的画面，最后经过表面整饰、模切、糊盒工艺处理，完成整个产品的生产。折叠纸盒如图2-9~ 图2-11。

图 2-9　开胃乐包装盒

图 2-10　感冒清热颗粒

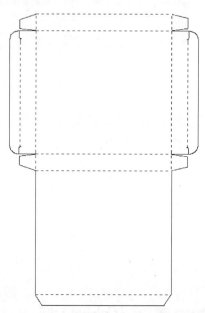

图 2-11　软件绘制图

　　但由于折叠纸盒的生产工艺各不相同，其生产流程也会有所变化。下面是几种不同工艺的生产流程：

　　（1）印前制作—印刷—模切—糊盒—成品。

　　（2）印前制作—印刷—烫印—模切（压凹凸）—糊盒—成品。

　　（3）印前制作—印刷—表面处理—覆膜—模切—糊盒—成品。

　　（4）印前制作—印刷—表面处理—烫印—覆膜—裱瓦楞（对裱卡纸）—模切—糊盒—成品。

　　从这几种工艺流程来看，过程的控制决定着产品质量的优劣，生产过程是否稳定，是否始终处于有效监控之中，涉及工艺编制的完整性。所以对印前制作、印刷、表面整饰及折叠纸盒成型进行产前质量控制点的预分析是防范质量问题不可缺少的手段。下面对质量控制点预分析的相关内容做粗略介绍。

1. 文字及其位置

文字说明是折叠纸盒的主要组成部分，文字的分布、大小、颜色能否满足印刷要求至关重要，分析审视盒面是工艺设计的第一步。版面的文字布局，合理的图文设计不仅要求图、文醒目新颖，色彩运用独具匠心，同时还要对文字的大小、位置做周密审视。一般字体不小于 6 号，反白字更应注意，特别是四色网中的反白字以选择黑体字为佳，这样能有效避免由于套印偏差造成的字体模糊的弊端。另外折叠纸盒文字距离裁切成品边要大于 3mm，防止模切时由于纸张变形或定位不准伤及字体；对网目调图案中镶嵌的文字要考虑使用陷印工艺。

2. 陷印工艺

提高套印的准确性，保证产品质量，是除了色彩还原之外的一个大问题，设备性能、印前制作质量、工艺要求等都会对多色印刷的套印带来影响，采用陷印工艺能有效解决可能出现的套印问题。目前，陷印工艺在印前制作中的应用愈显重要，对提高产品的套印质量起到事半功倍的作用。陷印也叫补漏白，指两种以上颜色有套合衔接的交错叠加关系，在不做陷印的时候两种颜色交接的地方在印刷中可能会有偏移产生白边或颜色混叠，陷印就是在交接的地方用这两种颜色互相渗透一点就不会产生明显的白边。在做陷印时，要找出套印的关键点，特别对色序及网点做特别分析，网点小、颜色淡的区域要扩张做大；网点大、颜色深的区域要保持原状。如红、蓝专色交接时，红色区域做大；深绿色和浅绿色交接时，浅绿色区域做大；红色和绿色交接时，红色区域做大；有金版时，金色区域做大。一般陷印处理单边为：0.1～0.3mm，具体还要根据工艺设定的印刷色序及理想的套合效果决定，一般为前印色向后印色依次做大。

3. 大面积四色平网叠印

越来越多的包装盒选择大面积四色平网叠印，这为盒面效果增色不少，但也给印刷带来难度，特别反白字的套印，极易出现重影。在条件允许的情况下，大面积四色平网叠印的色块宜采用专色印刷，尤其是中性灰及深色调的色块，对提高图文套合精度、保证颜色的一致性有益。

4. 盒型结构

折叠纸盒的使用范围愈来愈广，种类也越来越多，按盒型结构分，有直线盒、锁底盒、扣底盒、双墙盒、立体盒、异型盒。预分析盒型结构的特点，便于糊盒机成型。对于不同的盒型，在印前制作时还应考虑上光处理，对糊口、锁底盒底部喷胶处等部位的影响，在对相关部位做上光、让色的同时，还需输出让光、让色胶片，给印刷提供准确依据。锁底盒不要反糊口，反糊口不利于机器糊盒。根据盒型的基本情况可对糊口尺寸进行调整，在保证糊盒质量的同时还能起到节约纸张的作用，这些调整必须在打样时进行。

5. 色序安排

印前制作工艺必须考虑印刷色序的安排，印刷色序关系到印前制作对叠印关系的处理，同时也便于陷印工艺在制作中的应用，对提高印刷质量有着极其重要的意义。色序安排原则如下。

①油墨透明度。透明度差的油墨先印，透明度好的油墨后印。

②油墨厚度。墨层薄或网点面积小的色版先印（墨量小），墨层厚或网点面积大的色版后印（墨量大）。

③油墨黏度。黏度高的油墨先印，黏度低的油墨后印。

6. 开纸与拼版

每一款产品印刷时都要进行拼版，版面图及其模切线图如图 2-12、图 2-13。拼版前应注意以下方面。

①开纸。开纸应符合印刷及后加工设备的有效尺寸及生产效率。拼版时应首先考虑折叠纸盒的丝缕方向及盒型设计特点，尽量避免使用大 3 开、5 开、7 开的开料方式，以保持产品丝缕的一致。若必须要使用这几种开料方式，应和客户沟通，同时也应对纸张的特性做进一步了解，做到心中有数。对数量少且需拼小版面，如 5 开、7 开版面印刷的产品，要慎重考虑后再实施。

②拼版。首先考虑嵌拼，直线插口盒在设计或制作前，尽量考虑改为左右插为宜，这样对节约纸张有益。对 4 边同色出血的产品，嵌拼时插口与相邻边的抽刀不少于 3mm，对 4 边出血的不同色相的产品抽刀不少于 6mm；糊口边与相邻边可视实际情况而定，大多数情况下，抽刀为零即可，一般要求产品丝缕垂直糊口，特殊要求除外。

③叼口的预留。印刷开数的大小决定着套印精度。产品套印要求高、油墨印刷面积大的一侧做叼口，对提高套印精度有着重要意义。在生产中多以短边做叼口，且叼口边不少于 10mm，拖梢不少于 5mm。

④拼版的一致性。同一版面需多联拼版时，图文方向必须一致，一是防止同批产品丝缕不一致，给糊盒造成不便，同时给客户的使用留下隐患；二是防止墨路不一致给印刷追色带来麻烦；三是防止由于纸张在印刷后可能出现伸缩变形，给模切定位造成难度。

⑤混拼。多款产品同拼一个版面时，要考虑颜色的近似性，若色相差距较大一定要分别拼版，以免给印刷机台墨路调整带来麻烦。

⑥瓦楞盒。瓦楞盒拼版时抽刀要略大一些，盒边出血要在 5mm 以上，糊口不能小于 12mm，一般取 12 ~ 20mm 为宜。

7. 胶片（印版）输出

胶片输出与检查是晒版前的最后一步，胶片输出的正确与否决定着印刷质量及信息的完整转移。对胶片的检查要做到：网点密度值达到 3.0 以上，10 级网点梯尺要完整，在有条件的情况下还要核对胶片实际网点与电脑设置网点的出入，防止输出网点有较大变化，给印刷工序造成影响。对于不同时间输出的胶片，要严格检查版面内容、加网线数、网线角度及角线、十字线、套合的准确性，只有细致准确的检验才能为印刷提供合格的印版。

图 2-12 版面图

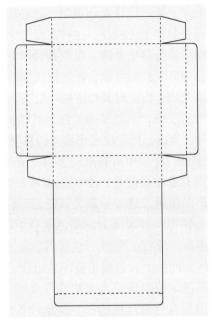

图 2-13 模切线图

8. 印刷

印刷是折叠纸盒生产的主要工序，流程中的控制是保证折叠纸盒质量的重点。应重点关注以下几方面。

①印刷工序需注明单面、双面印刷（正反、自翻、滚翻）；印刷色序以及图文、颜色的参照样；对于四色印刷参照系列产品颜色，需检查网点的一致性；有专色印刷的系列产品需有客户确认的颜色封样；对于要求局部上光的新产品，需出一张局部上光胶片，以便于机台使用。

②折叠纸盒对阶调的要求一般要低于对色调的要求，特别是对批量生产颜色一致性的要求更高，所以要提供参照颜色样，以保证逐批生产时颜色的统一性。参照颜色样是在生产前制作的，以它为依据才能保证生产稳定有效地进行。

③现在越来越多的包装设计以淡雅清爽为基本格调，给消费者一种透亮的清新感，但也给印刷工序提出了新要求。浅色调产品的印刷对印版的要求更高，版面必须干净整洁，网点的还原控制要正确，特别是纸张的白度、光洁度必须与客户确认的打样品一致。有些要作为采购检验标准，防止由于打样纸张与生产纸张的差异给产品质量造成影响。

9. 表面处理

大多包装盒表面都要经过上光、压光处理，一般有油性上光、水性上光和 UV 上光，这不仅能增加折叠纸盒的外观表现力、提高表面的耐摩擦性，同时对折叠纸盒表面的光泽度起到很好的增益作用。在选用这些处理方式时也应注意以下几点。

①表面处理工序要注明正反面（一般以纸张光洁的一面作为正面），写明加工要求及相关物料型号。

②上光。工艺设计及印前制作时必须考虑对糊口处的上光处理，对一些要求高的产品还需要制作上光胶片，这样在后工序操作时就有一个准确的依据。除此之外在生产中对糊口进行打毛处理，也能起到很好的作用，既能避免由于糊口处有光油附着而出现产品糊口脱胶的可能，还能提高糊口的黏结牢度。如果需要在折叠纸盒背面上防潮、防油光油，也应对其相应糊口处进行上光处理。另外，上光油的产品还应对油墨的特性有所了解，不同品牌的油墨其辅料构成也不尽相同，UV光油在其上的附着力有所差异，所以，周全地考虑油墨的各项性能，对提高产品质量有积极作用。

③压光。食品用折叠纸盒多以压光形式处理，压光效果与压光油的性质及压光油的厚度有着重要关系，必须根据客户对压光效果的要求来具体制订相关工艺。涂布量与产品质量及成本控制关系密切，合理的涂布量是工艺设计重要的一步。此外，压光油必须将所有印面上的颜色信息予以覆盖；对局部压光的产品，压光处要无墨迹，无多余十字线、角线、色标等，防止压光过程中由于高温将油墨传至压光钢板上再转压到产品上，造成不良印品出现。

④覆膜。覆膜用胶水有油性与水性之分，应根据产品要求选择，对膜的厚度及膜的类型要有针对性地选择。覆膜设备如图2-14，覆膜效果如图2-15、图2-16所示。在工艺设计时要注意覆膜产品的搭口，手动覆膜搭口不小于10mm，自动覆膜搭口不小于5mm，双面覆膜时叼口、拖梢各留12mm搭口。

图 2-14　覆膜设备

图 2-15　光膜效果

图 2-16　亚光膜效果

10. 对裱

对裱的类型有瓦楞对裱和卡纸对裱，包装产品的对裱效果如图2-17、图2-18所示。图2-17是瓦楞对裱与卡纸对裱的结合，图2-18是卡纸对裱。

①瓦楞对裱。纸张的丝缕同瓦楞垂直相交是提高瓦楞纸盒表面平整度及抗压强度的基本要求，工艺设计在充分考虑客户的使用要求时，还要考虑纸张、瓦楞规格的合理利用。一般瓦楞垂直糊口有利于糊盒机的生产。工艺设计时瓦楞比面纸各边（总长）小于10mm，防止瓦楞涂胶时发生胶水外溢。瓦楞材质也是生产前必须考量的主要因素，根据客户不同的需求确定不同的材质对降低成本有着重要作用。对楞型的选择使用要科学合理，一般多为E瓦和F瓦，不同的楞型其抗压强度不同，有的放矢地使用才能使材料的各种功能在折叠纸盒上充分体现。

②卡纸对裱。用两张相同或不同定量的纸张对裱在一起，增加纸张厚度及强度，

是折叠纸盒经常采用的工艺，但对裱胶及对裱工艺是否成熟，直接影响折叠纸盒的成品质量，所以，选用质量稳定的胶水对促进对裱质量十分重要。另外还要对纸张的丝缕及盒型的要求进行分析，面纸与底纸丝缕平行或面纸与底纸丝缕垂直，不同的厂家有不同的要求。虽然它的使用功能不会改变，但有时会出现盒型外观的变化，因此在打样时应关注其成型后的实际情况。为了有效避免对裱时胶水的外溢，纸张开切时底纸比面纸（总长）缩小 5mm。在不影响折叠纸盒质量的情况下，反面尽量考虑选用替代料对裱，这对降低成本能起到一定的作用。

图 2-17　月饼包装

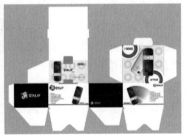

图 2-18　裱纸包装效果

11. 模切

模切工艺是折叠纸盒生产中不可缺少的工序，折叠纸盒成型的好坏取决于模切质量，这其中包括刀线是否锋利、痕线是否饱满。我们在要求使用激光刀模版的同时对机台的操作者也要有严格的要求。每一个步骤都必须按作业指导书的要求执行，同时在工艺编排时还应做以下考虑：如果选用自动模切机，则必须预留叼口，叼口尺寸以胶印机的要求为准，一般 9～12mm。只有保证良好的模切质量，才能使糊盒效率大大提高。另外，模切时要求正切正拉规，反切反拉规。覆膜产品一般正切。有拉链刀的产品应注意撕裂效果及对盒型的影响。

12. 贴窗

越来越多的折叠纸盒有开窗的需求（如图 2-19），在工艺安排时首先要考虑开窗处与折叠纸盒痕线处的距离，距离太小不利于机器生产，一般要求距离大于12mm。在选择 PVC、PET 透明材料贴窗时还应考虑纸张丝缕方向，特别是采用有

90°跨角开窗的盒型时，一定要注意丝缕与模切痕线必须垂直，否则痕线处会出现白色折痕，这将严重影响折叠纸盒的外观效果。

图 2-19　开窗包装效果

图 2-20　保健品包装

13. 糊盒

糊盒是生产流程中必不可少的作业环节。成型后糊口的黏结牢度是检验折叠纸盒质量的标准之一，糊口边不溢胶、黏结牢固、盒面整洁、盒体方正、棱角分明是糊盒工艺的基本要求，如图 2-20，要达到这些要求还应从以下方面进行控制。

①胶水选择。胶水的选择与控制很重要，胶水的种类要与企业常用纸张相对应，其溶剂容易在纸张表面渗透形成黏结层，可以直接进行稀释调整。通过调整胶水能更适合黏结剂的使用要求。

②工艺控制。折叠纸盒的表面处理有覆膜、UV 上光、水性上光、压光，针对不同的工艺采取不同的措施。糊口打毛或加针刺都能使胶水起到渗透作用。另外，胶水的涂布量及运行中的皮带压力也是要严格控制，否则可能影响成型质量。

③环境温湿度。工作环境的温湿度对盒体的折痕线精准度影响较大，印刷品在结束印刷、模切后有一段放置期，这期间纸张内的水分部分挥发，纸张因含水量减少变脆，如果环境湿度太低，易出现爆线问题。所以应根据季节合理调整生产停滞时间。

14. 包装

折叠纸盒的外包装是一项重要工序，这关系到产品抵达客户手中的完整性，完美的产品如果没有很好的外包装，在移动或储运中很容易出现产品受挤压变形及表面被划伤的情况，不仅影响产品质量，交货期也会因此而推迟。所以，采用瓦楞纸箱包装既能起到保护产品的作用，又能提高装运效率。我们在工艺设计或在编制生产工艺流程控制的同时，应设计出外包装瓦楞纸箱的规格、楞型，使之一并生产，为最终的生产装箱做好准备。需要注意的是，在瓦楞纸箱的设计使用中，箱体的尺寸、规格除了要根据折叠纸盒的实际尺寸量身订做外，还要根据产品的重量、运输距离选择合适的楞型。过高的箱体会减弱纸箱的支撑力，如果装箱码放超过规定层数，纸箱受压就会变形，箱内产品会因外力作用而受损。所以重视折叠纸盒产品的包装，不仅满足保护产品的需要，对提升折叠纸盒印刷企业的系统管理也有益。

项目三 封合质量过程控制与检测

一、纸盒糊盒过程控制及检测

折叠纸盒的立体成型主要是通过手工或机器，将黏合襟片上涂布黏合剂后黏合成型。成型质量首先检测外观效果。纸盒要控制爆线及压折痕处出现破损的现象；了解折叠纸盒开盒性能，要求纸盒在粘接、压平状态下，沿折叠线的垂直方向施加一定的推力，使纸盒张开成型。

1. 纸盒的工艺过程控制要求

①制盒要求。制盒盒片符合 CY/T 61—2009《纸质印刷品制盒过程控制及检测方法》标准的要求，粘接部位表面张力 ≥ 3.6×10^{-2}N/cm，制盒盒片粘接部位涂层附着牢固。

②黏合剂及涂布要求。黏合剂应与制盒材料及工艺匹配，黏合剂应符合 HBC 18 的要求。涂胶位置准确。压合后粘接牢固，粘接部位侧边和两端部溢胶。连续涂布黏合剂时，涂胶长度方向上胶痕连续不间断，均匀；间隔涂布黏合剂时，涂胶区域内涂布均匀。

③成型要求。折叠偏差不大于纸板厚度的 1.5 倍，压合位置准确，压力与压合时间满足黏合剂的固化要求。

④作业环境要求。温度（23±7）℃；相对湿度 60%±15%。

2. 质量要求

①粘接强度

符合下列条件之一，即认为粘接强度合格。

a）粘接强度 ≥ 267N/m。

b）黏合剂固化后揭开粘接部位，纸板纤维破损的面积不低于 50%，并且破损面分布均匀。

②折叠纸盒开盒性能。适合包装设备和被包装物的要求。

③外观要求。表面平整，无褶皱、擦痕、污渍和爆线。

3. 粘接强度检测。

①仪器。拉力试验机，读数示值误差为 ±1%，指针实测示值应在表盘满刻度的 15%~85% 之间。

②样品制备。试样宽度（10.0±0.5）mm，试样长度（100±1）mm，从粘接部位（或以相同制盒材料和黏合剂粘接的适合测量要求的样品）取样试样 10 条。

用符合 GB/T 21389 要求、分度值为 0.02mm 的卡尺和符合 GB/T 9056 要求、标尺标记为 0.5mm 直尺进行测量。

③检测步骤。首先，在温度（23±7）℃，相对湿度 60%±15%，固化时间（4±1）h 条件下检测；其次，以粘接部位为中心，揭开呈 180°，把试样的两端夹在试验机的两个夹具上，试样轴线应与上下夹具中心线相重合（图 2-21），并要求松紧适宜。夹具间距离为 50mm，检测速度为（300±20）mm/min，读取试样分离时的最大载荷。

下列情况视为合格：

由于粘接力大，试样被拉断。

试样被拉时，纸板纤维被损。

用下面公式计算：

$$P = 1000F/L$$

式中　P——粘接强度 N/m；

　　　F——试样分离时所需的最大力 N；

　　　L——试样宽度 mm。

检测结果以 10 个试样的算术平均值为粘接强度。

④外观检测。外观测量条件符合 CY/T 3—1999 的规定。

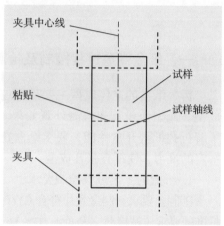

图 2-21　试样轴线与夹具中心线位置

二、纸盒模切过程控制及检验

主要检测纸盒的爆线、压痕效果，检测折叠反弹力及沿痕线折叠一定角度后所产生的回复力。

1. 加工材料检查

首先检测纸质基材各项性能指标符合 GB/T 10335.3、GB/T 10335.4 规定；其次检测模切版的质量，模切版与产品设计的尺寸允许差为 ±0.2mm；多联产品重复精度控制在 0.1mm 以内，检测模切刀高度是否为 23.80mm，允差 ±0.02mm；压痕底模标准是否符合，当压痕线与纸张纤维方向平行时，压痕线的宽度应为纸张厚度 ×1.5+ 压痕刀厚度；当压痕线与纸张纤维方向垂直时，压痕线的宽度应为纸张厚度 ×1.3+ 压痕刀厚度。查看刀、线接合是否紧密；连接点宽度 ≤ 0.5mm；模切版材平整状况，模切设备压力是否均匀。

2. 加工工艺过程控制要求

装版位置允差 ±0.2mm；在环境温度（23±7）℃；相对温度 60%±15%，模切品表面不应出现明显压印痕迹。

3. 纸盒模切质量要求

模切刀版与印张的套准允差 ±0.5mm；压痕线宽度允差 ±0.3mm；折叠反弹力符合后续加工及使用要求；切口光滑、痕线饱满、无污迹、毛边、粘连和爆线，无明显压印痕迹。

4. 检测方法

纸质基材各项性能检测按 GB/T 10335.3、GB/T 10335.4 中的规定执行；使用分度值为 0.01mm 标准量具对模切版与产品设计的尺寸允差、多联产品重复精度、模切版上连接点、模切刀高度进行测量；使用分度值为 0.1mm 的标准量具对装版位置允差、模切刀版与印张的套准允差、压痕线宽度允差进行测量。折叠反弹力按图 2-22 所示检测。模切压痕如图 2-23 所示。

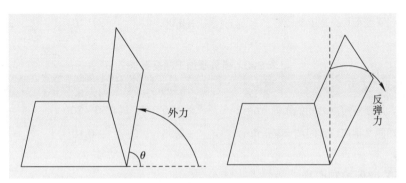

图 2-22 折叠反弹力测试示意图

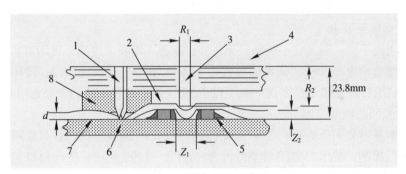

图 2-23 模切压痕示意图

1- 模切刀；2、7- 纸板；3- 压痕刀；4- 模切版；5- 阴模（压痕用底模）；6- 钢板；8- 海绵橡胶条；d- 纸板厚度（mm）；R_1- 压痕刀厚度（mm）；R_2- 压痕刀高度（mm）；Z_1- 压痕槽宽（mm）；Z_2- 底模厚度（mm）

三、纸盒烫印与压凹凸过程控制及检测

主要检查纸盒表面的爆裂情况及烫印 / 压凹凸物表面破裂的现象；检测表面整饰的烫金图案位置有无超出应烫印图文或造成烫印图文模糊不清的现象，有没有烫印图文缺失的现象。

1. 烫印工艺基础条件

要求盒片表面平整清洁，无脏点瑕疵；盒片的表面张力 $\geqslant 3.6 \times 10^{-2} \text{N/m}$。

2. 烫印材料要求

电化铝表面干净、平整，无褶皱；同批同色色差（CIE $L^* a^* b^*$）$\Delta E_{ab} \leqslant 1.5$。

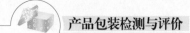

产品包装检测与评价

3. 模具烫金版要求

模具版平整度应符合表 2-1 的要求；加工精度应符合表 2-2 的要求。凹凸模具之间的配合压力均匀适当，不错位。

表 2-1 模具版平整度要求

项目	要求		
模具版表面任意两点之间的距离 /mm	≤ 150	150 ~ 300	≥ 200
厚度平均允差 /mm	± 0.05	± 0.10	± 0.15

表 2-2 模具版加工精度要求

项目	要求		
模具版表面任意两点之间的距离 /mm	≤ 150	150 ~ 300	≥ 200
设计烫印图文相应位置距离允差 /mm	± 0.05	± 0.10	± 0.15

4. 工艺过程控制要求

根据工艺要求设定烫印温度，温度波动范围控制在 ± 10℃以内；调整压力均匀适当；作业环境的温度（23 ± 7）℃；相对湿度 60% ± 15%。

5. 烫金质量要求

烫印表面平实，图文完整清晰，无色变、漏烫、爆裂、气泡；烫印材料与烫印基材之间的结合牢度 ≥ 90%；同批同色色差（CIE $L^*a^*b^*$）△ Eab ≤ 3；烫印与压凹凸图文与印刷图文的套准允差 ≤ 0.3mm；压凹凸图文对应位置的凹凸效果无明显差异。

6. 烫金凹凸压印检测方法

首先对基材表面张力进行检测，按照 GB/T 14216 的规定执行；其次对烫印材料的性能进行检测，要求外观测量条件符合 CY/T 3—1999 规定；烫印材料与烫印基材的结合牢度检测按照 GB/T 7706 执行；再检测模具，在模具版平面上任取 3 点，使用分数值 0.01mm 的标准量具分别测量各点的厚度，取平均值；最后，检测产品质量，外观检测条件应符合 CY/T 3—1999 的规定；烫印材料与烫印基材的结合牢度检测按照 GB/T 7706 的规定执行；同批同色色差按照 GB/T 7706 的规定执行；使用分度值 0.01mm 的标准量具进行烫印套准检测；要求在自然光下观察凹凸效果。

项目四 印刷质量检测

包装印刷质量检测是沟通客户与印刷企业之间业务交往的重要环节，它使印刷质量的评价以客观评价为主，主观评价为辅，减少了随意性。可以通过对一系列印刷质量数据的测定（测量仪器如图 2-24）、分析和归纳，找出印前和印刷两大工序之间的联系和规律，以确定评价印刷质量的规范标准，为稳定和提高印刷质量创造良好条件，特别是彩色包装盒（图 2-25）应特别注重印刷质量的检测；同时使整个印刷工艺流程的上下工序之间职责分明、衔接紧密，既提高工作效率又避免相互推诿，使企业的全面质量管理上一个新台阶。

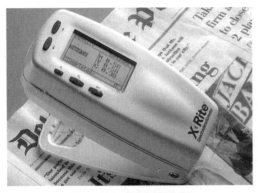

图 2-24　密度测量仪器

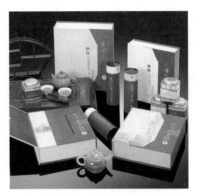

图 2-25　茶叶包装盒

1. 印刷质量检测指标

印刷质量检测要做到数据化、规范化和标准化，才能使印刷质量要求可操作性强，重复性好，产品印刷质量检测指标主要体现以下 7 个方面。

①阶调值。主要体现在暗调和亮调方面，暗调密度范围应符合表 2-3 的规定。

表 2-3　印刷实地密度范围

色别	印刷品实地密度
黄（Y）	0.85～1.10
品红（M）	1.25～1.50
青（C）	1.30～1.55
黑（K）	1.40～1.70

亮调要符合：精细印刷品亮调再现为 2%～4% 网点面积，一般印刷品亮调再现为 3%～5% 网点面积。

②层次。亮、中、暗调分明，层次清楚。

③套印。多色版图像轮廓及位置应准确套合，印刷品的套印允许误差 ≤ 0.10mm，正背套印允许误差 ≤ 1.0mm。

④网点。网点清晰、角度准确。不出重影，精细印刷品 50% 网点的增大值范围为 10%～20%。

⑤相对反差值（K 值）。K 值应符合表 2-4 的要求。

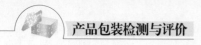

产品包装检测与评价

表2-4　精细印刷品相对反差值

色别	精细印刷品的K值
黄	0.25～0.35
品红、青、黑	0.35～0.45

⑥颜色。颜色应符合原稿，真实、自然、协调。同批产品不同印张的实地密度允许误差为：青（C）、品红（M）≤0.15；黑（K）≤0.20；黄（Y）≤0.10；颜色符合付印样。

⑦外观。要求包装印刷品版面干净，无明显的脏迹，无皱褶，无油腻，无墨皮；印刷接版色调应基本一致，产品的尺寸允许误差为＜1.0mm；文字完整、清楚、位置准确；套印准确、网点饱满、墨色均匀；不偏色，不带脏。

2. 检验方法

①检验条件。作业环境呈白色；作业环境防尘、整洁；作业温度（23±5）℃，相对湿度（60+15）%~（60-10）%，观样光源符合CY/T 3—1999的规定。

②检验形式。印刷过程中检验和产品干燥后抽检。

③检验仪器或工具。

密度计（如图2-24）。

30~50倍读数放大镜。

常规检验用10~15倍放大镜。

符合规定的计量工具。

网点增大的计算方法。

相对反差值（K值）的计算方法。

控制条。

对光谱无选择、漫反射、具有1.50±2.20　ISO视觉反射密度的黑色底衬。

④检验方法。

测量法：用规定的仪器和工具检验印刷品质量，印刷品应放置在符合要求的黑色底衬上，如果承印物透光程度很高，则应使用白色底衬。

计算法：用专门的数学模型检验印刷品质量。

目测法：目测或借助工具检验印刷品质量。

比较法：以常规条件印刷的色标、梯尺和测控条为参照物，检验印刷品质量。

专家鉴定法：由出版、设计和印刷专家检验印刷品质量。

项目五　纸盒包装成本计价

在包装产品成本的计价中，包装产品活件的估价有着重要的地位。包装产品估价从某种意义上讲，就是指人们对包装产品印制时所需费用的核算，主要从包装材料消耗、包装设计制作、包装印刷、表面整饰和立体成型等方面估算报价。

1. 纸张的成本核算

单张纸的成本核算：系数 ×（所用纸张克重 /100）×（纸张的吨价 /10000）

①大度纸。1.06（大度纸的固定系数）×（所用纸张克重 /100）×（纸张的吨价 /10000）。

如：大度 157g/m² 铜版纸，如果当时当地的纸价是 7500 元 / 吨，单价 =1.06×1.57×0.75=1.248 元。

②正度纸。0.86（正度纸的固定系数）×（所用纸张克重 /100）×（纸张的吨价 /10000）。

如：正度 350g/m² 白卡板纸，如果当时当地的纸价是 9000 元 / 吨，单价 =0.86×3.5×0.9=2.71 元。

③特殊规格纸张系数。880mm×1230mm 的固定系数为 1.08；850mm×1168mm 的固定系数为 1。这样计算出的纸价误差在一两分钱左右，对印刷整体影响可以忽略。

总纸价 =[（印刷总量 / 开数）+ 损耗（印刷时的损耗）]× 单价

2. 设计费

不同公司的设计水平不同，收费也不同；印刷行业设计费相对广告公司较低。

现在一些印刷企业为了揽到业务而免费设计，这是一种不正常现象。

总之，设计费存在定位不同和地域差别，不再赘述。

3. 制版费

包装产品基本按开数收费。如：合肥地区一个三开包装箱制作费 400 元。制版费除了以上的收费标准还要兼顾难度，难度较大的收费增多。也有设计公司可能外包出胶片，合肥地区的胶片价格约为四开 65 元，对开的 140 元（大度 160 元）。

4. 胶片输出后打样

现在有很多广告公司和直接客户为了节省资金忽略了打样的环节，这无形中增加了印前制版工作者的压力，也增加了风险。相对出错后的损失，打样的费用还是微乎其微的。客户确实不打样，印前制版工作者就要高度重视，仔细检查软打样。打样费因地域不同而不尽相同，合肥地区：70 元 / 四开四色，140 元 / 对开四色。

5. 晒版

PS 版费和所用印刷机的幅面有直接的关系。合肥地区：四开 PS 版 25 元 / 每张左右，对开 PS 版 40 元 / 张左右，当然包括晒版的工费了，几色的胶片就用几块 PS 版，乘以单价，再乘胶片的总套数。

6. 印工费

①印工的核算是按单套版来计算的，即单套版每一千张一色多少钱。合肥地区一套四开每色印刷一千张 15 元，对开 30 元，专色的印工价格是普通色的 1.5~2 倍。

②印刷厂制定了一个单套版的最低印工价格，即所谓的开机费，如有的区域的开机费四开 300 元，对开 700 元，八开 200 元。合肥区域单面印刷和自翻版的开机费相同。

③首先按第一步算出印工价格，然后和开机费比较，如果大于开机费按第一步的价格就可以了，如果小于开机费就要按开机费来计算。

④按上面算出了单套的印工价格再乘版的套数就是总印工费了。

如，一套四开自翻版印刷 8000 份正反面的印工，8000×8/1000×15=960 元，960 元 ≥ 300 元（开机费），所以实际印工费就是 960 元。

7. 后加工费

①折页。数量不同差距较大。如 10000 张 16 开三折折页约 240 元。

②覆膜费。按面积计算。如亮光膜 0.35 元 / 平方米；亚光膜 0.5 元 / 平方米。

③糊手提袋。按个计算。约 0.25 元 / 个；带扣眼的 0.3 元 / 个（包括模切费）。

④裱糊纸盒。按面积计算。约 1.3 元 / 平方米（含模切和订箱）。

⑤打码。按张数计算。开机约 200 元，数量多了和印工费计算方法差不多。

⑥起凸、烫金、模切版。0.04 元 / 平方厘米（实际工作中因难度不同差别较大，如简单的压痕版四开的 100 元，刀线较密的要贵一些，曲线的比直线的要贵约 0.06 元 / 平方厘米；激光版的更贵，0.25 元 / 平方厘米，一套对开要 1500 元左右）。

⑦模切工费是按千张来计算的。如合肥地区每模切 1000 张四开 25 元，每模切 1000 张对开 40 元；起凸的价格和模切相同。

⑧烫金。按实际的烫金面积算。合肥地区 5 元 / 平方米。

⑨上光。印上光油，按印刷的一色印工来计算；UV 上光，按面积计算。约 0.4 元 / 平方米（应用在食品等需要环保的产品上）。

⑩酒类和高级礼品类的磨砂、冰花等价格，基本按面积计算。

具体举例说明：

某公司生产 5000 个包装盒（图 2-26），用 $250g/m^2$ 白卡纸，覆亮光膜，总价和单个价格分别为多少？

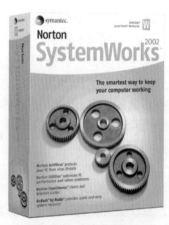

图 2-26　软件包装盒

经询问，$250g/m^2$ 白卡纸 5000 元 / 吨，

纸张单价 =1.06×2.5×0.5=1.33 元

纸张总价 =[（5000/2）+100]×1.33=3458 元

PS 版 40 元 ×4=160 元

印工费 5000×4/1000×35=700 元（大于开机费）

覆膜 0.53×0.4×5000=1060 元

模切 0.53（平方米数）×1.3 元 / 平方米 ×5000 个 =3445 元

模切版 0.04×5300 平方厘米 =212 元

合计：9035 元

单价：1.8 元 / 个（不包括设计费和制版费）。

项目六　　纸盒包装优化方案

　　折叠纸盒便于销售和陈列商品，有利于商品的宣传和销售，适用各种印刷方式。其装潢设计、制版、印刷以及表面整饰是影响纸盒外观质量的主要因素。包装印刷中的柔性版印刷技术的进展为其应用开辟了更广阔的市场。从前设计人员对于在粗糙的表面上印刷的产品包装没有多少创作空间，而柔性版印刷技术的进步改变了这种情况，尤其是通过计算机直接制版系统制成的柔性版，在印版质量上已经有了显著改善，由于使用了这种新型印版能印刷更精确的网点、更平滑的渐变色、更鲜艳的色彩印刷质量，可以与胶印媲美。折叠纸盒设计人员要不断学习和掌握新的技术，适应更大的复杂性和更大的创作空间，从而选择更多的色彩、更好的整体和细节效果，使更好的外观图像表现成为可能，如图 2-27。

　　1. 折叠纸盒设计要遵循的指导原则

　　（1）了解客户需求。成功的设计与深入领会客户想要传达的信息是密不可分的。在其品牌的一致性上更要加以注意。

　　（2）不要把自己一贯的风格用于折叠纸盒的设计，尝试一些变化。

　　（3）了解技术的局限，例如柔性版印刷技术已经有了大幅度提高，我们仍然需要解决诸如所能印刷的最细线条以及套准问题。

　　（4）不要用 InDesign、Quark 这类排版软件进行纸盒结构和外观设计。

图 2-27　纸品包装设计效果图

　　2. 折叠纸盒设计的优化建议

　　（1）注意模切压痕线的位置。对折叠纸盒包装的设计而言，模切版以内的"领域"是设计人员发挥创意的地方，因为采用柔性版印刷方式印刷折叠纸盒时，模切通常是在线进行的，所以设计人员必须确保设计图案落在模切压痕线内。在设计之前首先要了解下面的问题。

①产品在展示架上是怎么摆放的。

②产品的哪一面是面对消费者的。

③当包装盒被填充满时哪些部分是不可见的。

④包装盒是否需要设置手柄、虚线可撕部分，或留出不能印刷的区域。

（2）包装上的说明标记。在包装设计中必须包括的要素例如营养成分、使用说明、通用产品代码（UPC）、法律术语等标记，设计人员在页面上必须预先留出足够的空白以放置这些信息。

（3）系列产品的外观设计。简洁的设计可以带来美感，在进行系列产品的外观设计时，应首先构建一个基本的设计风格，并且这种设计要对后续产品具有可扩展性。一般来说，公司通常在不同风味、气味的产品包装盒上设计各种不同的颜色来进行区别。在设计时设置一个起标识作用的"标记"，对同一个系列中的不同产品这个"标记"采用不同的颜色，即主体风格同属一系列，个体差异用颜色标识。

（4）印版变形处理。由于柔性版印刷使用的是有弹性的柔性版，有一个变形指数，因此在印前设计阶段要进行缩版处理以补偿装版和印刷时带来的拉伸。如果设计人员不了解这种变形指数可以和印刷厂索要一个经验指数。

（5）矢量图形。作为一名包装设计人员，需要意识到初始的设计会有调整变化，客户会带着需求回到设计部门要求修改，所以要为修改做好准备。比起对一个完全栅格化的 Photoshop 文件（尽管原始文件是分层的）进行这种修正，对矢量图形的修改更简单易行。大多数柔性版印前设计软件都是基于矢量元素的，在大多数情况下用简单的矢量元素生成复杂的图形，例如卡通人物等，可以避免令人头痛的色彩和分辨率问题。另外包装设计的细节决定包装的个性特质，但是过犹不及。一个清新、简单的矢量图形或许比加入了很多凌乱的细节的 Photoshop 文件更具有影响力。

（6）Adobe Illustrator 中的特效。在 Adobe Illustrator 中制作好的图像特效有可能在输出时发生改变，这是由于作用于某一元素的"光影"效果并未嵌入到制作好的页面文件中。当印前操作人员打开文件时，对这种特效的应用有可能与之前默认的设计效果有出入。同时，有些特效取决于文档整个布局中被作用元素的位置，有些情况下，印前操作人员有必要对做好的设计文件进行旋转，这会引起一些特效的改变。例如，一个元素在设计时左下角有阴影，当进行 180° 的旋转时，阴影效果被转移到右上角。所以并不是所有的 Adobe Illustrator 中的特效在柔性版印刷中都能有效地应用，使用时要密切注意。

（7）Photoshop 文件。对于擅长使用 Adobe Photoshop 制作绚丽奇幻的图像的设计人员，这里有一个"黄金法则"——文件必须分层。需要提醒设计人员，在完成作品时不要拼合复合图像，设计人员无一例外都要遵守这个法则。因为在同一页面上，分色人员可以对某一元素单独调整色彩而不会影响其他部分。

（8）色彩。印刷机通常使用的是原色加 Pantone 专色。专色有 Pantone 或者是其他色彩系统。柔性版印刷印前设计中一大部分工作是引入专色。对于终端用户来说同一系列的产品共用一种或几种专色是非常省成本的。这一点必须在设计时做好安排。在设计中引入专色，能够较容易保持色彩一致性和达到客户的期望值。

（9）Pantone 专色外的选择。新技术使人们把选择专色作为一种方案，后面案例提到的专色也可以选择用 Pantone 专色系统来实现。Pantone 专色系统遵循一套严格的测量明细规则，它可以完美地呈现出客户的商标色彩。由于它支持测量功能，在任何一次付印、任何时间都能实现精确的重现。使用 Pantone 专色系统进行设计的最大优势是不仅可以涵盖客户的商标色彩而且拥有不受限制的调色板。Pantone 专色系统利用 6 种不变的颜色组合产生成千上万的色彩，它所能带来的明亮鲜艳的视觉冲击是原色和专色组合不能达到的。

具体案例分析：Scotties 面巾纸盒

Scotties 面巾纸盒是由加拿大 GMF 柔性版印前制作公司设计完成的。他们在设计时兼顾了两个必要的原则：

①纸盒设计要提供 3 个或 4 个设计图案。

②商标必须在组合印刷中保持一致。

由于在组合印刷中色彩可能会产生波动，所以将线条稿从原来的 CMYK 四色叠印色转换为由原色加上专色来实现，这样做是很有必要。使用 Pantone 专色可确保印品的色相保持一致。

最初由 GMF 提供的设计文件是 CMYK 模式，最关键的一个图案是一条丝带裹在面巾纸盒上，它的上方是面巾纸图案并且商标就出现在上面。客户的要求是包装的色彩要清亮，面巾纸要尽量白净，同时有一定的纸形轮廓和质感。

面巾纸图案有一定的透明度，这样使得背景图案隐约可见，这样一来各个盒子上背景图案的清晰程度就会有差别，印刷结果就会出现不可预测的波动，所以要把面巾纸图案做成不透明（图 2-28）。丝带和商标的色彩模式都从 CMYK 模式改为原色加上专色来实现（图 2-29）。经过一系列的尝试，GMF 的专家们决定采用 process228、process292 和黑色叠印，得到的印刷结果是厚实的蓝色。

图 2-28　将面巾纸图案透明设计改为不透明

面巾纸图案和商标都有微小的渐变，上机印刷难以实现。这里举一个例子"网点增大"是设计人员最大的障碍，2% 的网点可能增大到 10%。考虑到纸盒在储存时不免粘灰，白色区域就会显得发灰，加一块黑版就会更加强白色区域的"灰色感觉"，这是不利的。最终的方案是采用 process292 和 CMYK 组合印刷。另外要考虑的一个问题是白色镂空的文字出现在有格条纹理的丝带上，为了使白色镂空的文字能够有清晰、锐利的边缘，添加边界线非常有必要，尽管边界线看起来显得粗实（图 2-30）。

这个设计配合了大量的测试，通过多次用打样技术模拟实际印刷的结果最终得到印品。第一次付印得到的样张就成功地通过认证，GMF 成功地在包装盒上创造了一致的、明亮鲜艳的、具有吸引力的色彩。

图 2-29　丝带和商标的色彩由 CMYK 叠印
　　　　改为原色加专色

图 2-30　白色镂空字母 A 的效果

🔽 训练与测试

教师可将学生分为每组 5~6 人，每组选定特定的纸盒包装，参考图 2-31、图 2-32、图 2-33、图 2-34、图 2-35、图 2-36、图 2-37、图 2-38 进行包装检测与评价，完成以下任务：

①完成纸盒包装设计方案（包括结构图等）。

②对指定的纸盒包装进行临摹。

③制定包装加工工艺流程。

④对纸盒包装表面整饰质量进行检测与评价。

⑤对生产 5000 个同样产品进行单个估价。

⑥分小组汇报并进行互评。

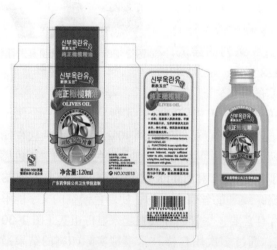

图 2-31　橄榄油包装

图 2-32　化妆品包装 1

图 2-33　巧克力包装

图 2-34　化妆品包装 2

图 2-35　茶叶包装 1

图 2-36　月饼包装

图 2-37　小电器包装

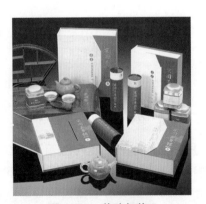

图 2-38　茶叶包装 2

模块三
瓦楞纸箱包装检测与评价

📖 **知识目标**

了解瓦楞纸箱的生产与应用；了解瓦楞纸箱的检测目标；掌握一般瓦楞纸箱的检测原理和方法；掌握瓦楞纸箱的计价方法；了解影响瓦楞纸箱质量的因素；掌握改善瓦楞纸箱质量的方法。

✏️ **能力目标**

具备合理设计瓦楞纸箱的能力；具备操作瓦楞纸箱检测的能力；能评价一般运输纸箱检测的结果；具备纸箱计价的能力；具备控制瓦楞纸箱生产质量的能力。

🏆 **情感目标**

培养耐心细致的工作态度；提高分析、计算能力；提高纸箱生产的质量控制能力。

项目一 瓦楞纸箱的生产

一、瓦楞纸板的组成与结构

用作运输包装的瓦楞纸箱于1907年出现于美国。在第一次世界大战期间，木箱运输包装占80%，瓦楞纸箱仅占20%。到第二次世界大战期间，瓦楞纸箱已占有80%，成为最重要的运输包装容器。包装纸箱可用来包装食品、饮料、家用电器、医药、日用、化妆品、机电等产品。瓦楞纸箱因其具有多种优点（表3-1），而作为商品运输包装的一种主要方式存在。

表 3-1　瓦楞纸箱的性能特点

功能	特点
保护功能	强度和弹性优于其他包装容器； 结构多样，可在箱内外进行细节设计； 能与其他材料制成复合材料
运输便捷	使用前占用空间小，可以折叠成平板状进行运输或仓储
促销功能	印刷性能优良；瓦楞纸板表面易于吸收油墨和涂料
其他	价格便宜，易于大规模生产； 环境污染小，可回收利用

瓦楞纸箱的主要原料是瓦楞纸板。根据瓦楞纸板形状和类型的不同，瓦楞纸箱也具有不同的结构特点和用途。

（一）瓦楞纸板的原料

瓦楞纸板的原料有瓦楞原纸和箱纸板，如图 3-1、图 3-2 所示。

图 3-1　瓦楞原纸

图 3-2　七层瓦楞纸板

1. 瓦楞原纸

瓦楞芯纸的原材料。瓦楞纸是由阔叶片的半纤维木浆或草浆等制造而成。它的定量一般较低，但瓦楞纸在一定的温度及压力下成型后在瓦楞纸板中起到骨架的作用。

2. 箱纸板

面纸和里纸的原料。箱纸板一般分为纯木浆牛皮箱板纸及牛皮挂面纸两种。纯木浆牛皮箱板纸是由 100% 木浆制造而成，牛皮挂面纸是用废纸浆等做底浆木浆挂面制造而成。纯木浆牛皮箱板纸的各种物理性能都超过牛皮挂面纸，但成本较高。

（二）瓦楞纸板的结构与规格

1. 瓦楞的形状（图 3-3）

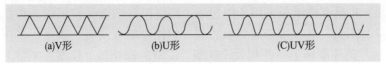

(a)V形　　　(b)U形　　　(C)UV形

图 3-3　瓦楞形状

瓦楞纸板受力时，具有较大的刚性和良好的承载能力，并富有弹性和较高的防震性能。根据瓦楞纸芯的形状，可分为 U 形、V 形及 UV 形。

瓦楞纸板的抗压强度与瓦楞的形状有直接关系。

U 形瓦楞纸板的伸张力好，富有弹性，吸收的能量较高。在弹性限度内，压力消除后瓦楞仍能恢复原状。

V 形瓦楞纸板的抗压强度较好，不过当压力超过其所能承受的限度后，瓦楞会迅速遭到破坏。

UV 形瓦楞纸板具有 U 形和 V 形瓦楞纸板的优点，应用广泛。

2. 瓦楞的类型

瓦楞纸板（图 3-4）的性能除与瓦楞形状有关外，还与瓦楞的类型有关。常用的分为 A 型、C 型、B 型、E 型，各种瓦楞的规格如表 3-2 所示。

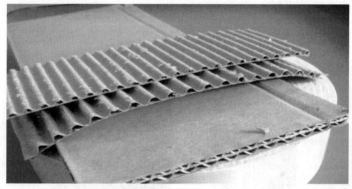

图 3-4　瓦楞纸板

表 3-2　瓦楞纸板的规格参数

楞型	瓦楞高度 mm	瓦楞宽度 mm	楞数 / 个（300mm 间距）	用途	
				制品容器	制品用途
A	4.5~5.0	8.3~9.4	34±2	纸箱 ↓ 纸盒	运输包装 ↓ 销售包装
C	3.5~4.0	7.5~8.3	38±2		
B	2.5~3.0	5.8~6.3	50±2		
E	1.1~2.0	1.1~2.0	96±4		

A 型瓦楞纸板具有极好的防震缓冲性；C 型瓦楞纸板防震性能与 A 型相近；A、C 型瓦楞纸板多用于外包装。B 型瓦楞平面抗压能力较强，单位长度内瓦楞数较多与面纸及里纸有较多的支撑点，因而不易变形，且表面较平，有利于获得良好的印刷效果，B 型瓦楞纸板多用于中包装。E 型瓦楞纸板是较细的一种瓦楞，可印刷较高质量的图文，其强度与硬纸板相似，但比硬纸板质轻、价廉，多用于内包装或销售包装。此外市场上一些超大（D 型、K 型）和超微（G 型、N 型）瓦楞也占有一定的份额。

二、瓦楞纸箱的生产

瓦楞纸箱的生产流程包括两大部分：即瓦楞纸板生产线和纸箱成型设备。瓦楞纸箱生产如图3-5所示。

图3-5　瓦楞纸箱生产图

（一）瓦楞纸板的生产

瓦楞纸板依组成类型，可分为单面瓦楞纸板、三层瓦楞纸板、五层瓦楞纸板及七层瓦楞纸板等。

单面瓦楞纸板由一层面纸和一层瓦楞芯纸黏合而成，很少单独作为外包装用，多作为内包装及包装衬垫。

三层瓦楞纸板是在一张瓦楞芯纸两面各粘一张面纸而成，多用于中包装或小型外包装纸箱。

五层瓦楞纸板由面、里及芯三张纸和两张瓦楞芯纸黏合而成，五层瓦楞纸板比三层瓦楞纸板具有更大的强度，装载稳定，允许制成较大的规格的载重量大的纸箱。

现行的瓦楞纸板一般是由瓦楞生产线制作而成，对一些质量要求不高的纸板，也有先制造出单面瓦楞纸板再覆面。瓦楞纸板生产线由单面瓦楞机、双面瓦楞机、分纸压线机等三个部分组成，单面机是瓦楞纸板线的中枢部分。瓦楞纸板的生产流程如图3-6所示。

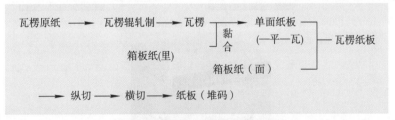

图3-6　瓦楞纸板的生产流程图

我国现在已有许多工厂具备整条瓦楞生产线，有的可以生产七层瓦楞。现代瓦楞纸板是在瓦楞纸板连续生产线上生产的。一般机长为96~129m，每分钟生产瓦楞纸板 100~150m（中速），纸幅宽 1.6m。它将纸板生产的五道工序一次完成，自动化程度高，纸板质量好。

（二）瓦楞纸板的印刷

根据瓦楞纸箱的生产工艺不同可分为：

（1）直接柔印。直接在瓦楞纸板上柔印，再模切或开槽。

（2）胶印裱合。先在面纸上胶印，然后与单面瓦楞纸裱合，再进行模切。

（3）预先柔印。先在原纸上柔印，再生产瓦楞纸。

（4）直接胶印。在超微瓦楞纸上直接进行胶印，再模切。

瓦楞纸箱盒（图 3-7）印刷的最佳方式是柔性版印刷。它属于轻压力印刷，可以印刷实地版和网线版。柔性版印刷机结构简单，尺寸适合做大；柔性版富有弹性，版材能压缩变形；能与其他加工设备组成联动生产线，提高工作效率。

现代瓦楞纸箱柔印主要有直接柔印和预印两种生产工艺。直接印刷是先生产出瓦楞纸板，然后用柔印机直接在纸板上进行印刷，开槽、模切等后工序再与印刷联机完成。它的工艺流程：瓦楞纸板生产→纸板直接印刷→模切开槽→黏合订箱，常用的是水性油墨。这种工艺符合快速、方便、环保、经济的原则，用得较多，但是瓦楞纸板的强度会随印刷面积增大而下降。

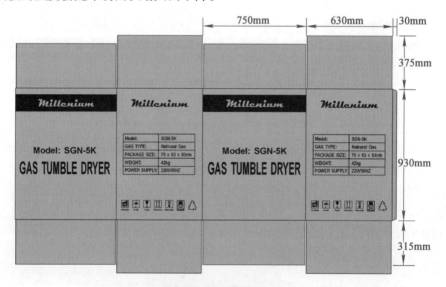

图 3-7　瓦楞纸箱盒

柔印预印目前使用的设备主要是卷筒柔版印刷机。预印相比直接印刷可以获得更好的更稳定可靠的印刷质量，可以进行层次更丰富的印刷。预印可避免瓦楞纸板变形，能获得强度更大的瓦楞纸板。生产效率更高，废品率、故障停机等都明显少于直接印刷，便于管理。

目前用于彩色面纸和瓦楞纸板贴合的工艺手段主要有以下三种：

（1）手工制作。先用简易的涂胶机对瓦楞纸进行涂胶，再利用人工将其与面纸对齐、贴合，最后压紧、黏结。此种方法涂胶质量差，纸板的物理性能损害大。

（2）半自动贴合。利用半自动贴合机，通过人工送纸，完成瓦楞纸板涂胶，与面纸的对齐、贴合，最后压紧、输送。生产效率较低，但涂胶质量较高。

（3）全自动贴合。利用全自动贴面机自动送出面纸与瓦楞纸板，完成对瓦楞纸板的对齐、涂胶、贴合，最后压紧、黏结、输送、堆积，生产效率高。涂胶均匀质量好，瓦楞纸板质量高。

（三）瓦楞纸箱的设计

1. 设计要求

瓦楞纸箱的包装设计是保证产品包装质量的基础和重要环节，也是产品设计的组成部分。瓦楞纸箱包装设计要求包装功能如下。

（1）安全、卫生，对消费者与环境无危害，流通过程抵御各种环境条件的影响，保证产品不变质、不损坏，保持精度。

（2）包装尺寸、重量与装卸运输工具能力相适应，标志清晰、齐全、美观、正确、牢固，能准确传递贮运、装卸所需的信息。

（3）包装装潢、视觉传递清晰、美观，准确地传递产品信息。

（4）便于携带，易于开启，方便拆卸、使用、贮存，并有利于废弃处理。

2. 瓦楞纸箱的设计方法

市场部门接到订单后，把客户的所有信息传递到工艺设计部门。其中包括版面的装饰要求、规格尺寸、箱型结构、内装物及承重、堆码层数等相关内容。经设计部门设计后，结合制造部门完成产品的实现，如图 3-8 所示。

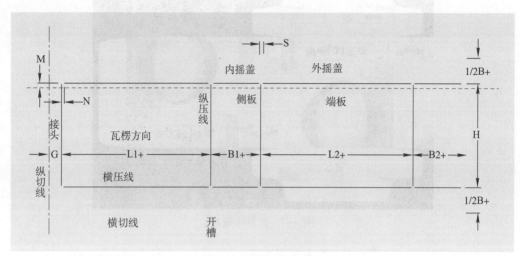

图 3-8　纸箱坯设计图

（1）计算出最下层纸箱所能承受的最大堆码载荷 P_s，即：

$$P_s = (N_{max} - 1) \cdot G$$

式中　N_{max}——最大堆码层数；

　　　　G——内装物和箱体重。

（2）选取合适的安全系数 K。根据 SN/T 0262—1993《出口商品运输包装瓦楞纸箱检验规程》的要求，在贮存期小于 30 天时，K=1.6；贮存期在 30～100 天时，K=1.65；贮存期大于 100 天时，K=2。由于运输过程中路况、天气等环境影响会造成纸箱强度下降，所以安全系数的设置通常稍大。但安全系数取得过大，原材料的各种指数提高，致使成本增加，对市场开发不利。所以根据客户的实际要求，应选取合适的安全系数。

（3）根据安全系数计算出所要达到的最大抗压强度值 P：即 $P = K \cdot P_s$。

根据瓦楞纸箱的设计结果，选择瓦楞纸箱，并做专门测试，以确定所选纸箱的材料、楞型是否满足所要求结构形式的纸箱强度。

瓦楞纸箱按瓦楞纸板的种类、内包装产品的重量及箱内综合尺寸（长、宽、高之和）分为三类。其中一类主要用于出口及贵重物品的包装；二类用于内销产品包装；三类用于短途运输及廉价商品的包装。

纸箱代号规范化表示为：

B　S（或 D）—□.□

其中 B 代表纸箱；S 代表单瓦楞纸板；D 代表双瓦楞纸板；方框内是类号和同类中序号。

例：某纸箱代号为 BS-1.4，表示单瓦楞纸板箱，属一类出口及贵重物品运输用。序号 4 可以由 GB 6543—2008 的附表查得最大综合尺寸为 1750mm，内装物最大重量为 39kg，并可查出相应的技术条件。

（4）根据 Kelicutt 公式，选择合适的纸张搭配组合，即 $Px \cdot F=P$（已算出），所以：

$$Px=P/F$$

式中　F——与纸箱周边长和瓦楞型有关的常数，通过查表得出；

　　　Px——瓦楞纸板综合环压强度值，$Px=（R1+R2+Rm1C）/15.2$。

如果已知 $R1$、$R2$、$Rm1C$ 中任何一种或两种材料的环压指数和克重，便可求出 Px。

（四）瓦楞纸箱的生产

瓦楞纸箱是以箱坯为基础，通过接合、封箱和捆扎而成为箱型结构。瓦楞纸箱的生产工艺流程如图 3-9 所示。

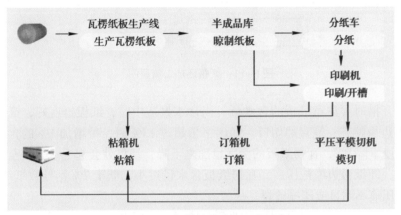

图 3-9　瓦楞纸箱的生产工艺流程

瓦楞纸板生产线生产的纸箱坯料已具有所需的幅面以及两条横压线。开槽机完成纵压线、开槽、切角，最终瓦楞纸箱箱坯立体成型如图 3-10、图 3-11 所示。

瓦楞纸板生产线生产出的经纵向压痕切线、横向切断后的纸板一般已具备了箱坯的基本特征：箱坯的长、宽及在纵向的压线。

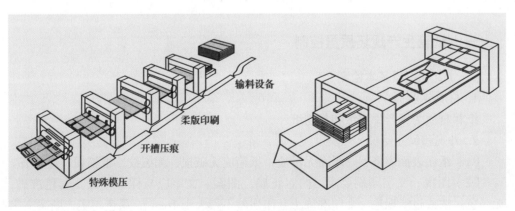

图 3-10　糊盒成型图

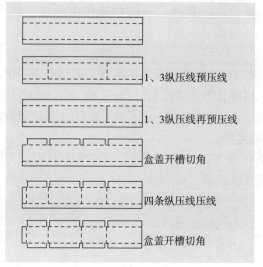

图 3-11　纸箱坯加工流程图

模切开槽时要注意纸板的含水量。当含水量适中时，纸板挺度好，锋利的切刀可分切出边缘整齐、笔直的切口。如含水量超过 13% 时，每增加 1% 的含水量，纸板抗压强度下降 9%，瓦楞纸板的挺度也随之下降，切口处会起毛边，甚至出现"闭口"现象，即纸板边缘被压扁。瓦楞纸板含水量过小，低于 7% 则导致纸纤维脆化，最终造成压痕不明显或压线破裂。

纸箱接合成型，主要是订箱和糊箱两种方法。根据箱钉排列的开头订箱设备机头的构造分为单斜订、双斜订、单直订、双直订、单横订、双横订。目前使用双斜订的较为普遍。

糊箱可以借助糊箱机完成。糊箱机，是用黏合剂把纸箱片接合成纸箱的机器。糊箱机有单独安装使用的，也有与印刷开槽机组合成生产线的，有的还在机器末端配有捆扎机，使整个工序联机机械化。最后纸箱通过计数推出装置，经捆扎、打包即可入库。

三、纸箱生产现场质量控制

（一）瓦楞纸箱基本检测

1. 材质要求

纸箱材质为国产牛皮纸和瓦楞纸。

2. 外观和尺寸要求

（1）纸箱表面应平整、干净无污渍，纸箱应无破损、无裂纹，纸箱切口应整齐。

（2）图案、文字印刷要求。内容正确，图案、文字应与样本一致。套色准确，无颜色过浓或过淡现象。套印准确（套印误差不得大于 1mm），墨色匀实，图案文字清晰，无油污、水化现象，无露白、露黄、露红现象，无错位、无重影，图案、文字边缘整齐，无毛齿。

（3）纸箱接头搭合处接舌要求在 30~50mm，接合处使用有镀层的低碳钢扁丝订合，扁丝不能有锈、龟裂等缺陷。订合位置应在搭接部位中线，要求单排钉距小于80mm，钉距均匀，头钉距顶面压痕线和尾钉距底面压痕线均不得大于 20mm，订合应牢固，不可有叠订、单订和不转角等缺陷。

（4）瓦楞纸箱压痕宽度应小于 2mm，箱壁不可有多余的压痕线，当纸箱折合时，压痕处不能有破裂、断线。

（5）裱层黏合要求无透胶、起泡现象，瓦楞纸板各层之间应黏合牢固，无层间分离现象。

（6）纸箱成型要求方正、无偏斜，箱角漏洞不超过 3mm，摇盖合拢后缝隙不超过 3mm.

（7）纸箱尺寸应符合合同或订单要求，允许偏差为 0.5cm。

（8）耐折度要求。纸箱摇盖经开合 180 度往复 5 次以后，纸箱各层不得有裂缝出现，摇盖压痕线处不可有破裂现象。

（二）纸箱生产现场控制

纸箱生产企业在确保纸箱产品质量的前提下，可因地制宜地设置质量检验机构及配备质量检验人员。

纸箱加工工序比较复杂（纸箱加工现场如图 3-12），为了确保产品质量，需要进行工序检验，工序检验一般有以下几种形式。

1. 首件检验

首件检验是纸箱产品制造过程中的一种预防性检验，适用于大量的类型。首件检验应由操作者自行检验，并交由专职检验员认可。

2. 巡检、完工检验和成品检验

巡检是检验人员在生产现场按一定的时间间隔对有关工序的产品质量进行检查。完

图 3-12　纸箱加工现场

工检验是对一批加工完成后的产品进行检查，主要是指各工序间的产品。成品检验是瓦楞纸箱产品到达用户手中之前的最后一次检验。

3. 产品实物质量审核

纸箱产品实物质量审核的内容包括：对纸箱的质量缺陷进行分级，分成重缺陷和轻缺陷，并写出详细检验项目。经实际审核后要记录质量缺陷项目和审核结果。对质量缺陷要及时进行分析，尽可能详细填写纸箱质量审核报告单，将审核结果向主管领导及有关部门报告，并作为质量信息和资料及时传递和存档。

4. 创造良好的生产秩序和环境

保持生产现场的清洁卫生，也是保证纸箱质量不可缺少的条件，如工具、器具、制品的堆放及搬运，工人的操作环境、场地清洁度等因素对瓦楞纸箱质量的生产制作都有重要影响，均应有所规定。因此，对瓦楞纸箱生产现场可实行点、点位来进

行有效控制。其措施：制定瓦楞纸箱生产现场管理标准，同时定期检查考核现场、机器、设备、原材料、在制品、工位、器具的定位情况。有效的措施可减少纸箱搬运过程中的磕碰划伤，污染和野蛮装卸造成的损坏。对半成品和在制品要挂牌标识，尤其是纸板线下来的产品上面没印字，如果不挂牌在出现同品种和规格相近的情况下，就很容易造成混乱与出错。

5. 不合格品的控制与纠正措施

（1）不合格品的控制与识别。对不合格品的瓦楞纸板和纸箱要做好标识，不能与合格纸板、纸箱混放在一起。要对其进行隔离、指定放在专划区域内，未经批准不准使用、转移或同合格纸板纸箱混淆存放。对不合格品的处理，可用返修、报废、改做附件、降价销售四种方式进行处置。

（2）不合格品的纠正措施。对批量不合格品，要填写质量事故报告单，找出质量事故的根本原因，并采取对应措施进行有效控制，避免同类事故再次发生。同时指定专人负责每项措施实施，督促检查这些措施的落实情况看是否达到目标。并把措施实施结果，技术修改情况整理成文件进行归档。

瓦楞纸箱质量就要从瓦楞纸箱生产现场质量控制抓起，着重抓好质量预防，以质量预防为主，质量把关为辅，防检结合，把质量的影响因素消灭在生产过程中，不断提高纸箱产品质量，减少各个环节的减损，最终提高企业的经济效益和社会效益。

项目二　瓦楞纸箱的检测与评价

本节以某电子产品包装箱为例，介绍一般运输纸箱包装检测与评价。电子产品在运输过程中，会受到挤压、碰撞、潮湿、高温和静电的威胁，所以应从这些基本要求入手，采取相应的技术措施进行控制。电子产品包装一般分为三个部分：以瓦楞纸箱为主的外包装；以防尘、防电为主的塑料内包装；介于二者之间的缓冲包装。

纸箱在运输或仓储过程中，依据流通过程中各环节可能出现的危害因素，并根据不同的试验目的，适当考虑试验设备条件、试验时间、试验数量、试验费用等因素。

一、纸箱检测准备

在检测之前，应对运输包装件的部位进行标示和对试样的温湿度进行调节。

（一）部位标示方法

在进行试验之前，首先应该对电子产品包装件或包装容器的面、角、棱编号标示，以保证受力部位的准确选择。国家标准 GB 3538《运输包装件各部位的标示方法》规定了平行六面体包装件、圆柱体包装件和包装袋的部位标示方法。

1. 平行六面体包装件部位标示方法

包括面、棱、角的标示。包装件应按运输时的正常状态放置。如果包装件上有接缝，则将该接缝垂直标注人员右方放置。若包装件的运输状态不明确，或是有几个接缝，可将印有生产企业名称的一面对着标注。按上述规定放置的包装件，上表面标示为 1，右侧面为 2，底面为 3，左侧面为 4，近端面为 5，远端面为 6。

棱是由两个面相交形成的直线来表示，表示方法是在两个面的编号之间加一条横线，例如用 1-2 表示包装件上表面 1 与右侧面 2 相交形成的棱。角是由组成该角的三个面的编号来表示，例如用 1-2-5 表示包装件上表面 1、右侧面 2 和近端面 5 相交形成的角（图 3-13）。

2. 圆柱体包装件部位标示方法

包括端点、棱线标示。在圆柱体表面作两条相互垂直的直径，四个端点分别用 1、3、5、7 表示。通过四点分别作与圆柱体轴线平行的四条直线，四条直线与下表面的交点分别用 2、4、6、8 表示。四条平行线分别用 12、34、56、78 表示（图 3-14）。

如果圆柱体上有一个或几个接缝时，要把其中一个接缝放在 56 侧线位置上。

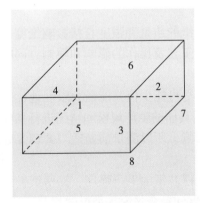

图 3-13　平行六面体包装件部位标示

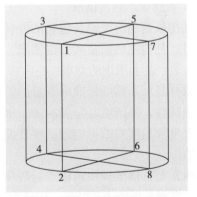

图 3-14　圆柱体包装件部位标示

（二）温湿度调节处理

绝大部分运输包装件的抗压强度、堆码性能、缓冲防振性能都与温湿度有关。因此，在进行运输包装件的试验之前，必须对包装件进行温湿度调节处理，试验也应在与温湿度调节处理时相同的温湿度条件下进行。如果达不到该要求，则必须在试验离开调节处理条件 5min 内开始试验。

1. 调节处理条件

在模拟运输包装件的贮存与运输环境的温度、湿度条件时，由于世界范围内的气候条件差异很大，因而对包装件的性能影响也很大。国家标准 GB 4857.2《运输包装件基本试验　温湿度调节处理》规定了 8 种温湿度条件，包括三种低温条件、两种高温条件、三种常温条件，其中低温条件不考虑相对湿度。

当对同类包装件或包装容器进行质量检验，或对包装件进行质量认证时，一般取标准大气条件，即温度 20℃、相对湿度 65% 的气候条件进行温湿度调节处理，然后再进行试验，以保证试验结果的可比性和重现性。

2. 调节处理方法

把已经准备好的试样放在调温调湿箱的工作空间内，使其顶面、四周及至少75% 的底部面积能自由地与温湿度调节处理的空气相接触，处理时间应该从达到规定的处理条件后 1h 起开始计算。在温湿度调节处理过程中不允许有冷凝水滴落到试样上。测量温湿度时，最好能连续记录，若无自动记录仪，应使每次测试记录间隔不大于 5min。温湿度调节处理时间可以从 4h、8h、16h、24h、48h 或 1 周、2 周、3 周、4 周中选择一种。对处理时间的选择原则，应根据包装件的大小、内装物的多少、包装容器及内装物的热容量、含湿量的大小决定，使包装件经温湿度调节处理后其温度、湿度与处理环境达到平衡。

二、纸箱包装的检测与评价

本节以手提电脑包装箱为例，介绍一般运输纸箱的设计和强度检测及评价。

1. 瓦楞纸的强度试验

瓦楞纸是制造纸箱及包装的原材料，瓦楞纸的质量和强度直接影响纸箱和包装的质量。瓦楞纸的质量和强度要求，受到生产工艺及操作的影响和限制，同时受到将要包装产品和用途的要求。

取样是对瓦楞纸板准确测量的第一步，要尽可能少但又能最大限度地代表整批产品的特性，我国规定为 3%~5%，也可以根据具体的生产规模和情况进行抽样。空气的湿度和温度对纸板物理机械性能有很大影响，所以测量前做适当的调湿处理是必要的。

通常对瓦楞纸板和箱板纸的环压强度、瓦楞芯纸的平压强度、瓦楞纸板的平压强度、瓦楞纸板的边压强度、耐破度、戳穿强度和黏合强度等进行试验。

2. 电子产品运输包装件的检测与评价

网络带给我们无限的生活新体验，为此电脑就成为大家用于学习或娱乐的必备工具之一。手提电脑以其外形美观、方便携带等优点迅速占领了大部分市场。随着环保意识的提升，对于笔记本电脑的包装，人们开始追求绿色包装、"零包装"。

在笔记本电脑正式进行包装之前，根据其特点、环境因素影响和保护要求，设计、制定包装方案并绘制相应的示意图。

包装设计应符合科学、可靠、牢固、经济、适用的原则，要素主要包括被包装物的特性、流通环境条件、包装材料、包装操作工艺和包装成本 5 个方面。

1. 分析被包装物的特性

任何产品在包装前都应根据产品的特性和要求的包装标准来选择适当的包装材料。笔记本电脑属于较贵重的体积较小的电子商品。

（1）产品外形尺寸（大致）：长（320mm）× 宽（250mm）× 高（30mm）。

（2）产品质量：3kg。

（3）产品重心：位于电脑的中部。

（4）易损部件：显示器内部的显像管和玻璃屏幕为主要易损件。显像管在显示器内部，是核心部件，受到剧烈振动或冲击可能会造成显像管脱离；屏幕是显示器功能主体部件，由易损玻璃构成，所以屏幕也是包装的重点保护对象；底座连接装置在显示器的底部，安装使用时与底座连接，属于凸出部件，缓冲设计要考虑到，不能够承载，并要与外包装容器有一定距离，以免冲击时受损。为了使用最少的缓冲材料取得最好的缓冲效果，降低包装成本，所以该设计采用局部缓冲包装方法对该产品进行包装。

（5）产品的脆值分析：脆值又称产品的易损度，指产品经受冲击和振动时表示其强度的定量指标。一般通过实验或查阅资料、比较同类产品得到数值。

（6）确定产品的固有频率：合理的缓冲包装应能够让包装件的固有频率远离产品的固有频率，避免运输过程中共振导致的损伤。

2. 流通环境分析

包装件在运输流通中所经历的一切外表因素统称为流通环境条件。流通过程的起点是生产工厂，终点是消费者，中间环节包括了运输、中转、装卸、仓储、陈列、销售等环节。产品包装件只有经受住一切外部危险因素的考验安全抵达目的地，才能实现其功能，体现其社会经济效益。

表 3-3 外部危险因素

外界因素	损害包装的原因
冲击	在滑道、运输带上跌落，包装时滚动，搬运时翻倒、抛掷，车辆在坑洼路面行驶
振动	路基上有规则的缺陷（路轨接缝等），车轮不平衡，结构振动
静压力	加固拉紧力、其他约束力、仓库堆垛、起重运输
动压力	火车转轨、堆垛共振、滑道上受其他包装物阻挡
扎刺	误用吊钩、装卸设备
变形	支撑或起吊不平衡
升温	暴晒、高温环境
降温	天寒、运输中未保暖
低压	海拔高、飞机机舱未冲压

外界因素	损害包装的原因
光照	日光直接照射、光化学作用
水	储存、装卸、运输时雨淋，船上污水溅淋，潮湿或有水蒸气环境
生物	微生物、真菌、霉菌、昆虫、鼠害
时间	材料老化、泄漏
污染	灰尘、沙粒等外来物，产品泄漏
盗窃	盗取、偷换

3. 缓冲与包装设计

（1）包装箱的设计。笔记本电脑设计选用的缓冲包装材料是聚苯乙烯泡沫塑料。它是采用聚苯乙烯为原料发泡制成的一种半硬质的泡沫塑料，具有封闭式的泡沫颗粒状结构，价格低廉、质量轻、防潮、隔热、易于加工模塑成型等特点，是一种理想的缓冲包装材料。

为了使用最少的缓冲材料取得最好的缓冲效果，降低包装成本，选用局部缓冲包装方法对该产品进行包装，根据显示器的承载部位和易损部位，设计缓冲衬垫的结构。

缓冲衬垫设计成左右对称结构，从两侧对显示器进行保护。另外考虑到显示器的中心在中前部，所以缓冲衬垫的主要承载部分在前部。通过缓冲衬垫的设计也能使电脑在外包装箱内稳定，并保证易损部件屏幕和底座连接装置不能承载。

考虑到产品的自身特点，笔记本电脑的外包装容器采用双层瓦楞纸箱，外层采用抗冲击能力较强的 E 楞纸板，内层用缓冲能力较强的 C 楞纸板；箱型选用 02 类纸箱；接头采用强度较高的黏合剂粘接。

此外，还应根据瓦楞纸箱的外尺寸来进行集合包装设计，如托盘的选择等。

（2）集装箱的设计。托盘集合包装是由托盘、单体包装体、码垛捆扎固定三要素组成配合而形成的具有良好功能的运输包装件。

①托盘。为了适应多种商品和多种运输装卸情况，目前已发展成多种类型的托盘。双面式托盘只能前后使用铲车，而四面式托盘则可在前后左右使用铲车，较双面式要方便。为了适应较重或较轻的商品，可以采用钢托盘或纸托盘。为了托盘集合包装的坚牢度、稳定度，可采用箱式、框架式托盘等。

②堆码方式。通常堆码方式有重叠式和交错式两种。重叠式堆码没有交叉搭接，货物稳定性不好，容易发生纵向分裂，但能充分发挥箱体耐压强度和提高码垛效率。交错式堆码，就像砌砖的方式，各层之间搭接良好，货物稳定性高，但操作复杂，码垛效率低，有时还会降低托盘的表面利用率，箱体的耐压强度降低。

③加固方式。为了防止不同货物可能发生的倒塌，需要采用不同的固定方法，一般来说，较轻的包装件可采用黏合剂加固。如需坚固些，就可采用捆扎以及收缩

薄膜、拉伸薄膜方法加固等。

（3）托盘集合包装的尺寸。所谓托盘集合包装的尺寸，就是指所形成的长、宽、高三维形态的立体物。正确选择尺寸的依据有三个：托盘表面利用率、码垛物稳定性、运输工具的尺寸。

①托盘表面利用率。即包装货物占有的面积与托盘使用面积之比，要求托盘有尽量大的表面利用率。托盘的表面利用率越大，运输工具容积利用率和仓库利用率也越大。

②码垛物稳定性。码垛物的稳定性不仅与货物形状、码垛方式有关，也与托盘的尺寸和形状有关。一般来说，托盘的使用面积越大，稳定性越好。从重心位置影响货物稳定性来看，堆垛高度不应超过托盘短边长度的两倍。在相同面积的情况下，长方形的托盘比正方形的托盘的稳定性要差。

③运输工具的尺寸。托盘的尺寸还必须充分考虑到各种运输工具的表面积和容积。托盘的表面积应与运输工具的表面积成整数倍数。另外在容积上也有所考虑。我国初步制定的托盘尺寸为 1250mm×850mm，经运输实践证明，对 30 吨、50 吨和 60 吨棚车容积，能得到较好的利用。

4. 运输包装箱的检测

对于此类手提电脑包装箱的性能检测，主要有以下几个方面。

（1）纸箱跌落测试。跌落试验也称垂直冲击跌落试验，适用于一般运输包件在受到垂直冲击时的耐冲击强度以及包装对内装物的保护能力。它的原理是将试样提高到预定高度，然后使其自由跌落在冲击面上。包装件的跌落方式有面跌落、棱跌落和角跌落三种。

①试验设备：跌落试验机。由提升装置、支撑与释放装置和冲击面等组成，如图 3-15 所示。

跌落试验机按照结构形式分为转臂式、挂钩式、翻板式三种类型。翻板式结构比较复杂，且不易操作，目前已基本被淘汰。挂钩式使用最早，结构简单，但不能精确控制跌落姿态。转臂式能精确控制跌落姿态，目前被广泛采用。

冲击面应符合以下条件：有足够大的质量，是包装件质量的 50 倍以上。冲击时不能产生位移；表面平整，能保证正常的面跌落、棱跌落和角跌落；坚硬、冲击时不变形；有足够的面积，保证冲击时试样完全落在冲击面上。

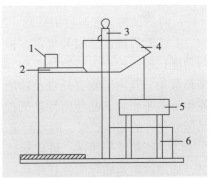

图 3-15 跌落试验机结构

1-试样；2-摇臂；3-提升机；
4-控制台；5-滑动台；6-支架

②试验参数。跌落姿态分为面跌落、棱跌落和角跌落三种。这三种跌落姿态都要保证试样的重心线通过被跌落的面、线、点。每个包装件的跌落姿态和每种姿态的跌落次数按有关专业产品标准、产品的技术条件或有关协议进行。跌落高度一般

也应按有关专业产品标准规定或按双方协议进行。在无专业产品标准规定时，可参考表3-4给出的民用包装跌落高度与包装件的运输方式、质量间的关系。

表3-4　跌落试验参数

运输方式	包装件质量 /kg	跌落高度 /cm	运输方式	包装件质量 /kg	跌落高度 /cm
公路 铁路 空运	<10	800	水运	<15	1000
	10 ~ 20	600		15 ~ 30	800
	20 ~ 30	500		30 ~ 40	600
	30 ~ 40	400		40 ~ 45	500
	40 ~ 50	300		45 ~ 50	400
	50 ~ 100	200		>50	300
	>100	100			

③测试方法。每组试样数量一般不少于3件。实验前，按GB 3538对试样各部位进行编号，并按GB 4857.2选定一种条件对试样进行温湿度调节处理。按照GB 4857.5《运输包装件试样　垂直冲击跌落试验方法》进行。测试步骤如下。

a. 提升试样，使其满足预定跌落状态。面跌落时应使试样的跌落与冲击面平行（夹角不大于2°）；棱跌落时，试样的重力线通过被跌落的棱，构成该棱的两个平面中的一个平面与冲击面夹角误差不大于±5°或此夹角的10%，使跌落的棱与水平面平行，其夹角不大于2°；角跌落时，使试样的重力线通过被跌落的角，构成此角的至少两个平面与冲击面间的夹角的误差不大于±5°或此夹角的10%。

b. 提升试样至所需的跌落高度位置。

c. 释放试样，使其自由跌落。

d. 试验后按产品相关规定，检查包装及内装物的破损情况。必要时对内装物进行功能试验，检查内装物是否损坏。若发生影响产品使用的情况，如产品漏出、包装箱散架，及内装物有外观及功能上的损坏，都应判定包装件不合格。若包装上仅发生一些不影响产品使用性能的损伤，如掉漆、表面轻微擦伤、元件松动，以及产品标准允许的其他破损，则可判定该包装件合格。

（2）纸箱堆码测试。堆码测试是用恒定的载荷对包装件进行较长时间的压力测试，适用评定运输包装件在堆码时的耐压强度，以及包装对内装物的保护能力。测试方法是将试样放在水平平面上，在试样上面施加恒定的静载荷。

国家标准GB 4857.3《运输包装件基本试验　堆码试验方法》中要求，加载平板应坚硬，要足以承受载荷而不变形，且加载平板的尺寸比试样顶面各边至少大出100mm。如果载荷轻，用硬质加固的木板；载荷重时用钢板。重物与加载平板的总载荷，与预定的堆码载荷的误差应控制在±2%之内。在加载时，应对试样不造成冲击。

试样上的预定加压载荷可采用下式计算：

$$P=k\,(n-1)\,W=k\,(H/h-1)\,W$$

式中　P——包装容器或包装件必须具有的耐压强度，N；

　　　W——包装件重量，N；

　　　k——安全系数；

　　　n——包装件的最大堆码层数，且 $n=H/h$；

　　　H——存储期间包装件的最大堆码高度，mm；

　　　h——包装容器或包装件的高度，mm。

一般仓库堆码高度为 3~4m，汽车内堆码高度限制为 2.5m，火车内堆高限为 3m，远洋货船舱内堆高限为 8m。安全系数按照产品包装的具体要求而确定。无具体要求时，对于瓦楞纸箱包装件，k=2。如果已知储存期少于 30 天，取 k=1.6；储存期在 30~100 天内，取 k=1.65；堆码高度及试验持续时间见表 3-5。

表 3-5　纸箱堆码测试参数表

储运方式	基本值		适用范围	
	堆码高度（m）	持续时间	堆码高度（m）	持续时间
公路	2.5	1 天	1.5~3.5	1~7 天
铁路	2.5	1 天	1.5~3.5	1~7 天
水运	3.5	1~7 天	3.5~7	1 天~4 周
储存	3.5	1~7 天	3.5~7	1 天~4 周

（3）纸箱压缩测试。为了检验包装箱的耐压性能以及包装对内装物的保护能力，通常要在实验室模拟纸箱在流通过程（如装卸、运输、储存）中处于堆码最底层时的受压情况。影响纸箱抗压强度的因素包括储存时间、环境湿度和堆码方式。按照国家标准 GB 4857.4《运输包装件基本试验　压力试验方法》进行纸箱压缩试验。测试仪器选用压力试验机，如图 3-16。试验之前，应按 GB 3538 对纸箱试样各部位进行标示，按 GB 4857.2 选择一种温湿度条件，对试样进行 24h 以上的温湿度预处理。

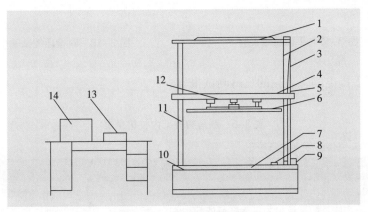

图 3-16　纸箱压缩测试仪

1- 上横梁；2- 梯形丝杠；3- 限位装置；4- 活动横梁；5- 吊挂；6- 上压板；7- 下试台；8- 手动开关；9- 紧急停车开关；10- 驱动系统；11- 立柱；12- 传感器；13- 打印机；14- 测控仪

产品包装检测与评价

①测试原理。将纸箱置于压力试验机的上、下压板之间，上压板匀速上下移动，下压板固定（也可相反），对纸箱施加压缩载荷。纸箱压缩试验分平面压缩试验、对角压缩试验和对棱压缩试验三种类型。

②平面压缩试验。将经过温湿度调节处理的纸箱试样从调温调湿箱内取出，5min 内开始压力试验。试样一般按正常运输时的状态（也可以对侧面、端面进行压力试验）置于下压板中心位置，使上压板和试样接触，如图 3-17 所示。

先施加一定的初始载荷，使试样与上、下压板接触好，调整记录装置，以此作为记录起点。上压板以一定较慢的速度均匀移动，加压到出现下列情况之一。

a. 压缩载荷达到极限值，试样出现破裂。

b. 试样尺寸变化或压缩载荷达到预定值，预定值由有关标准规定，检查包装有无损坏。

③对棱压缩试验。如果需要对纸箱进行对棱耐压能力检验，必须采用上压板不能自由倾斜的压力试验机。

试验加载方法如图 3-18 所示，应配备一对带有直角沟槽的金属附件，沟槽的深度与角度不影响试样的耐压强度。试验前，将金属附件安装在上、下压板中心相对称的位置上，以保证试样在试验过程中对棱方向承受压力。

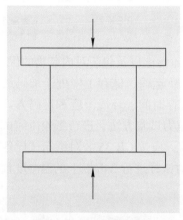

图 3-17　平面压缩实验

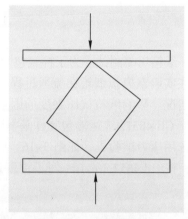

图 3-18　对棱压缩试验

以下附手提电脑包装箱的跌落测试报告。

表 3-6　跌落实验架内校记录表

按 GB/T 4857.5—1992 规定进行校正

序号	标准要求	检验量具	检验结果	判定	备注
1	冲击台 为整块物体，质量至少为试验样品的 50 倍				
2	要有足够大的面积，以确保试验样品完全落在冲击台面上				

096

序号	标 准 要 求	检验量具	检验结果	判定	备注
3	在冲击台面上任意两点的水平高度差不得超过2mm				
4	冲击台面上任何 100mm^2 的面积上承受 10kg 的静负荷时,其变形不得超过 0.1mm				
5	提升装置 在提升或下降过程中,不应损坏试验样品				
6	支撑装置 支撑试验样品的装置在释放前应能使试验样品处于所要求的预定状态				
7	释放装置 在释放试验样品的跌落过程中,应使试验样品不碰到装置的任何部件,保证其自由跌落				

校准人: 校准日期:

跌落试验评价报告(手提电脑包装箱)

ISO 90001 认证

ISO-14000 认证

ISO-17025 认证

××××公司

QA 测试报告
(跌落测试)

测试号:×××××

报告日期:××××

测试日期:××××

测试地点:××××

测试人:××××

目的:客户要求测试

测试标准:参考国标 101 号标准 5007 测试程序 B

测试类型:跌落测试

测试条件:

(1)测试步骤:一个角

三个棱

六个面

（2）测试高度：76 cm

（3）包装质量：8.7kg

（4）包装箱尺寸：50.0cm × 45.0 cm × 20.0cm

（5）测试图：（图 3-19）。

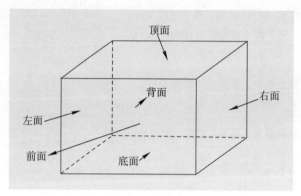

图 3-19　测试图

测试设备：跌落测试仪器

型号：× × × ×

测试样品的配置和数量：

使用 2 台型号为 ACP-1000-ISS 的工业电脑，配置如下：

（1）CPU 板：PCA-6184VE-00A1

　　　CPU：英特尔 奔腾 4 2.0GHz

　　　内存：512MB PC-266

（2）硬盘：希捷 ST340014A 40.0GB

（3）网卡：3COM 3C905CX-TX-M X2

（4）主板：PCA-6103P2V-0B2

（5）风扇：Delta EFB0412VHD-F00 X4

（6）电源：LEMACS P1U-6200P 200W

（7）机箱：ACP-1000

测试标准：× × × ×

电子性能测试：

（1）所有的系统功能必须经过恰当的测试程序测试并且通过。

（2）使用 Windows 2000 操作系统，电脑系统性能不受影响。

机械性能测试：

（1）开关按钮、外壳、槽口操控灵活。

（2）螺丝拧紧，不松动。

（3）外壳表面缝隙均匀。

（4）平稳组装、拆解外壳及其他部件，无变形零部件。

（5）包装材料含纸箱和衬垫的性能稳定，保护有效。

试验数据：

表 3-7　跌落测试参数表

测试面	加速度
前面	24.2g
背面	38.3g
右面	31.5g
左面	27.7g
顶面	33.1g
底面	46.5g

测试结果：

（1）没有发现任电子和机械功能被破坏。

（2）没有发现电脑系统功能降低。

（3）电脑性能稳定且没有发现不可恢复的物理损伤。

结论：通过。型号为 ACP-1000-ISS 的工业电脑通过跌落测试。

附试验图片，见图 3-20、图 3-21、图 3-22、图 3-23。

图 3-20　角跌落图

图 3-21　棱跌落图

图 3-22　面跌落图

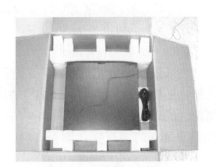

图 3-23　纸箱内结构图

项目三　瓦楞纸箱计价

物流包装成本主要由物流包装前期费用、物流包装器具制造费用、物流包装作业费用等构成。

包装材料费用是指直接用于物流包装的材料费用，包括主要材料、辅助材料、备品配件、外购半成品等费用，如图3-24、图3-25所示。

图3-24　瓦楞纸板

图3-25　瓦楞纸箱

一、瓦楞纸板出厂价的计算

以下根据市场上常用的方法计算瓦楞纸板的价格。

1. 统一瓦楞纸板的计量单位

（1）一般纸箱厂购进时，面纸、里纸、芯纸、瓦楞原纸均以吨价计算。即各种面纸、里纸、芯纸、瓦楞原纸为每吨多少元，其单位表示为"元/吨"，而计算时必须换成"元/千克"，如进价为5000元/吨，则按千克算即为5000元/1000千克＝5.00元/千克。

（2）一般纸张的重量通常讲克重，实际上应为每平方米多少克重，即各种面纸、里纸、芯纸、瓦楞原纸重量均以"g/m²"为代表单位，为计算必须统一其用量单位，这里必须把"g/m²"换算成"kg/m²"。

如购进300克的牛皮纸，即是300g/m²的牛皮纸，此时将"300g/m²"换算成0.3kg/m²。

（3）瓦楞原纸制作瓦楞纸的系数的确定。瓦楞原纸因压楞后引起纸张长度方向上的缩短，其缩短比值称为压楞系数。此项系数各制造厂无统一标准，其原因在于各制造厂的生产能力、管理水平的高低直接影响瓦楞纸的收率高低，但一般默认如下系数。

A 楞的压楞系数为 1.59，即 1.59 米的瓦楞纸压瓦楞后为 1 米长。

B 楞的压楞系数为 1.36，即 1.36 米的瓦楞纸压瓦楞后为 1 米长。

C 楞的压楞系数为 1.50，即 1.50 米的瓦楞纸压瓦楞后为 1 米长。

E 楞的压楞系数为 1.27，即 1.27 米的瓦楞纸压瓦楞后为 1 米长。

2. 瓦楞纸箱各种纸每平方米的纸张价计算

（1）面纸、里纸、芯纸的算法。

例：进价 5000 元 / 吨的面层纸为 350g/m²，其每平方米价应为：

（5000/1000）×（350/1000）=5×0.35=1.75（元 / 平方米）

（2）瓦楞纸的算法。

例：进价 1800 元 / 吨的 A 楞芯纸定量为 180g/m²，其每平方米价应为：

（1800/1000）×（180/1000）×1.59=1.8×0.18×1.59=0.515（元 / 平方米）

3. 瓦楞纸板原材料每平米成本价的计算

现有客户要制作五层瓦楞纸箱，要求采用面纸为牛皮卡 300g/m²（5200 元 / 吨）；瓦楞芯纸 180g/m²（A/B 楞）（2250 元 / 吨）；夹芯层 180g/m²（1700 元 / 吨）；里纸 280g/m² 茶纸板（2500 元 / 吨），试计算纸板每平方米之成本价格。

计算：

面纸牛皮卡（300/1000）×（5200/1000）×1×1=1.56

瓦楞芯纸（1.59+1.36）（180/1000）×2×（2250/1000）=2.4

夹芯层（180/1000）×（1700/1000）×1×1=0.306

里纸（280/1000）×（2500/1000）×1×1=0.70

总和（元 / 每平方米）=2.4+1.56+0.306+0.7=4.97

4. 瓦楞纸板出厂价计算的主要因数及系数

纸箱出厂价应包含纸箱原料成本价与其他应摊费用总和。

其他应摊费用包括辅助材料（黏合剂、油墨、扁丝、动力）、设备折旧、工人工资、税收等。

在纸箱出厂价中一般纸箱原料成本占 0.5 ~ 0.7，其他应摊费用占 0.3 ~ 0.5，一般厂家取值是纸箱原料成本占 0.65，其他应摊费用占 0.35。而简易推算则采用工料对半即 0.5 的系数进行估计。

5. 瓦楞纸板的出厂价

纸板的出厂价 = 纸板原材料每平米成本价 /0.65

根据第三点计算的五层瓦楞纸板原材料价钱，可计算出纸板出厂价为：

出厂价 =3.77/0.65=5.8 元 / 平方米

二、纸箱的面积计算

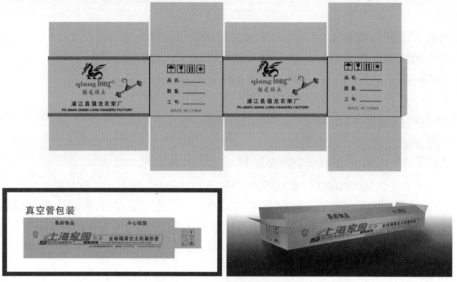

图 3-26　纸箱的展开效果图

（1）纸箱的展开面分为含四个箱侧面的单片和两个箱侧面的单片。

（2）纸箱面积的计算公式。纸箱厂生产纸箱绝大多数用的原料是卷筒纸，卷筒纸的一般幅宽为 960mm、1100mm、1600mm 和 1940mm，也可根据用户要求而定做。纸箱厂的设备幅宽最宽为 2.2m，一般为 1.6m。纸箱的面积计算需要考虑纸箱的实际面积和成型的加工放缩量（纸箱的展开如图 3-26），纸箱面积计算如下：

用设备的幅宽（假设设备的幅宽为 X 米）除以纸箱的（宽 + 高 + 0.06m）取整数（假设这个整数为 Y）则 Y 表示该设备的幅宽能同时生产几个纸箱的板材。因此设计纸箱时应尽量考虑到将就幅宽来设计纸箱的宽与高，即设计者要优先考虑内容物放多少行、放多少层满足销售计数，减少纸张因裁切个数少而造成纸箱的单个成本增高。

以下以笔记本电脑包装为例介绍纸箱价格的计算。

纸箱计价面积的宽为 $X \div Y = B$，纸箱计价面积的长为该纸箱的（长 + 宽 + 0.06）× 2 + 0.04 = A，即 A 为纸箱计算面积的长，因此纸箱的面积为 $B \times A = S$，即 S 为纸箱在计价时的面积。公式中的长、宽、高数量单位均为米（m）；公式中 0.06 代表了纸箱板在长和宽方向上的修边量为 60mm，0.04 为舌边，这两个值是只可增大，不能减小的数值。

例1：现有客户要制作五层瓦楞纸箱，内尺寸为（500mm × 310mm × 240mm），要求采用面纸为牛皮卡 300g/m²；芯纸 180g/m²（A/B 楞）；夹芯纸 180g/m²；里纸 280g/m²。计算该纸箱价格。机器设备卷纸幅宽为 1.6 米。

（1）纸箱面积计算。

纸箱的宽：1.6 ÷（0.24+0.31+0.06）取整 2（m）

$1.6 \div 2 = 0.8$（m）

纸箱的长：$(0.5 + 0.31 + 0.06) \times 2 + 0.04 = 1.78$（m）

纸箱面积：$1.78 \times 0.8 = 1.42$（m^2）

（2）五层瓦楞纸箱纸板的价格为 4.97 元。

（3）纸箱价格 $= 4.97 \times 1.42 = 7.05$（元）。

（4）使用塑料袋价格 = 塑料袋的长（m）× 宽（m）$\times 2S \times$ 市场价，其中 S 为塑料袋的厚度，当时市场材料价格为 10000 元/吨，加上鼠标、变压器与笔记本的塑料包装袋，成本 = 长（m）× 宽（m）$\times 2 \times 0.00004 \times 10000$。

（5）瓦楞纸箱：用纸成本、瓦楞成本、印刷费用、印后加工费用等。纸的规格一般有两种：标规 787mm×1090mm 和 890mm×1190mm。一般标规印刷为 0.10 元/色，印后 1.5 元/平方米，瓦楞为 2.0 元/平方米。

则彩色瓦楞纸箱包装总价格为印刷价格 + 纸箱价格 + 缓冲衬垫价格

同理：针对项目二中的手提电脑，其包装成本计算如表 3-8 所示。

表 3-8　材料价格表

外包装箱		1.16	单价 4.5 元/平方米	5.22
附件盒	面积/m^2	0.06	单价 3 元/平方米	0.18
缓冲盒（2）		0.40	单价 3 元/平方米	1.2
发泡聚乙烯（2）		0.41	单价 4 元/平方米	1.64
EPS 托盘	成本（元/个）			65
共计（元）				73.24

不同的箱型有不同的表面积，相同箱型由于单片所含的纸箱侧面个数减少而增大每一个纸箱的价格。

纸箱价格中纸进价的变化、出厂价系数是否合理、纸箱制造厂的设备能力怎么样、使用卷筒料的宽度是否与所制作的纸箱宽度匹配等都将影响纸箱的价格。

项目四　纸箱包装优化

影响产品质量通常是人、机、料、法、环境五大因素。设备、纸张就是五大因素中的机、料两大因素的主要方面，除设计制造环节外，印刷工艺、机器调试、维护保养这些使用环节，五大因素同样不可忽视，只有这些矛盾和问题都解决了，机器设备的效能才能最大限度地发挥，实现纸箱和印刷的最高品质。

图 3-27　纸箱的堆码效果

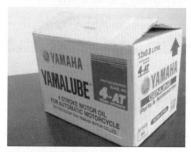

图 3-28　纸箱的印刷效果

一、分析常见不合格纸箱

1. A 类不合格

纸箱不能满足保护或标识内装物的功能。

（1）接缝脱开。

（2）尺寸超出允许误差范围。

（3）质量低于规定的最小值。

（4）压痕线处破裂或纸面被切断。

（5）表面撕裂、戳穿，有孔洞或盖片翼片不规则并粘连有多余的纸板片。

（6）印刷有错误、印刷不全或颜色图案有差错。

（7）外界物质造成污染。

2. B 类不合格

纸箱功能不全或存在问题。

（1）接缝黏合不完全，胶带接头不完全或接头订合不牢固。

（2）开槽切入纸箱侧边的边缘。盖片不能对接，其间隙大于 3mm。

（3）纸板含水量高于 20% 或低于 5%。

（4）纸箱非压痕处出现弯曲。

（5）箱面印刷不全或图文模糊。

（6）纸箱没有按规定采取防滑措施。

3．C类不合格

纸箱外观欠佳，但不影响其使用功能。

（1）开槽或纸箱模切粗糙。

（2）纸板表面有搓板状凸凹不平，影响印刷图文质量。

（3）箱面有污染杂点。

（4）浅度划伤或标记被擦掉。

二、影响瓦楞纸箱质量的因素

1．机械因素

瓦楞纸箱生产受机械设备的影响往往是制约性的。例如，在生产过程中瓦楞辊出现一些非正常磨损，将直接影响纸板质量。如黏合不良、瓦楞变形、纸板厚度不一致，以至影响到印刷质量、纸箱的整体抗压等。

2．原材料因素

纸张的定量、紧度、耐折度、环压强度、抗张强度、吸水性、含水量和杂质含量等，以及纸张的表面效果，如颜色、平整度等，如图3-29。我们根据不同要求对纸张的各项物理指标进行监控，把原纸对纸箱造成的负面影响降到最小。瓦楞纸箱生产中还使用一些特定的原材料例如淀粉、油墨等，这些辅材都会对纸箱关键工序的生产质量起作用，在质量检验中也不容忽视。

3．环境因素

瓦楞纸箱行业的质量管理过程会受到特殊环境的影响，例如纸箱抗压强度随天气的潮湿而降低。这种情况下，我们必须对原材料和生产工艺进行适当调整，使纸箱物理性能适应这种变化。如在梅雨季节，很多企业会要求将原纸进行更严格的施胶处理。

4．人为因素

意识上的疏忽往往容易造成批量质量事故损失，这是纸箱企业在质量管理过程中最不愿看到的。鉴于这种情况各企业都会针对生产的各个环节进行相应监控，形成一套完整的质量检验程序，这对于质量管理是非常必要的。

 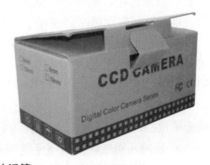

图3-29　不同材料的纸箱

三、影响瓦楞纸箱质量的工艺因素及改进

1. 影响瓦楞纸板边压强度的因素

对瓦楞纸板试样以垂直方向施加压力，施压过程中纸板所能承受的最大力即为纸箱的边压强度。边压强度与组成瓦楞纸板的各层原纸的横向环压强度、纸板的楞型组合及纸板的黏合强度有关。因此要提倡使用强度高的原纸。

瓦楞纸板的形状分为 U 形、V 形和 UV 形三种。试验表明，V 形楞在受压初期歪斜度较小，但超过最高点，便迅速地破坏；而 U 形楞吸收的能量较高，当压力消除后，仍能恢复原状，富有弹性，但耐压强度不高；UV 形楞是结合 U 形和 V 形的特点，因此现在一般提倡采用 UV 形楞结合。瓦楞纸板的各种楞型及其组合，就常用单瓦纸板来说：一般 A 瓦纸箱抗冲击力最好，但易受到损坏；B 瓦缓冲效果较差，但稳定性好；C 瓦抗冲击及稳定性居中。在其他同等情况下，瓦楞纸板各层间黏合越牢固，其边压强度越高。

2. 影响瓦楞纸板黏合强度的因素

（1）上胶不均匀或黏合不牢的现象。上胶辊上有污垢，如纸屑、淀粉结块及其他异物等；或者辊面网穴处有异物堵塞；或上胶辊和下瓦楞辊之间的间隙太宽时，导致上胶辊不能均匀上胶；或上胶量太少；或由于导爪挡板与瓦楞辊之间的距离太大、导爪挡板损坏或磨损、瓦楞原纸含水率高、压力辊上压力不均匀或压力过低、瓦楞辊上有污垢、芯纸原纸上制动器松弛、瓦楞辊上无真空或暂时无真空等；或由于导爪和芯纸经过各种辊之间时，位置不准确引起的瓦楞高低不平导致的，造成上胶不均匀或黏合不牢的现象，这样面纸和芯纸出现分离，纸箱的抗压强度、边压强度和黏合强度都将会降低。

（2）黏合剂横向抛射现象。黏合剂黏度太高、太低或里面硼砂含量太高时，在生产线高速运行时都容易出现黏合剂横向抛射现象，这会引起纸板翘曲或纸板发软，纸箱的黏合、边压和抗压强度都会降低。

3. 影响瓦楞纸板耐破强度的因素

（1）瓦楞纸箱的耐破度由构成纸板的面纸、里纸及夹芯纸的耐破度决定，与瓦楞芯纸关系甚小。纸张的耐破强度主要由纸纤维决定。纤维长度越长，纤维间的结合力增大，耐破度越高。

（2）一般纸板水份含量在 5% ~ 6% 时，耐破度值最大。当含水量达到 18% 时，耐破度值下降幅度可达 10% 左右。原纸或纸箱存贮环境为 t（25±5）℃、50%±5% RH 环境为宜。

（3）纸板堆放时间不能太长，以免纸板纤维疲劳，造成耐破度下降。实验表明：纸板堆放的时间以不超过 3 个月为宜。

4. 影响瓦楞纸箱抗压强度的因素

（1）原纸环压强度的影响。瓦楞纸箱的抗压力与瓦楞纸板所用的原纸关系密切。随着原纸环压强度的提高，瓦楞纸板边压强度也随之提高，纸箱抗压力也得到提高。

图 3-30 伊利牛奶包装箱展开图

图 3-31 蒙牛牛奶包装箱展开图

（2）瓦楞纸板楞型的影响。楞型不同，瓦楞纸板的厚薄不同如图 3-30、图 3-31。纸板越薄，其纸箱的抗压力越小，即受到压力后，更容易弯曲变形、压垮。所以在材质相同的情况下，不同楞形纸箱抗压力大小的顺序为：A 楞 >C 楞 >B 楞 >E 楞。

（3）瓦楞纸板种类的影响与瓦楞纸板楞型的影响一样，同样是承载材料的多少和瓦楞纸板厚度的问题。在其他条件相同的情况下，纸箱抗压力大小的顺序当然是：三瓦楞 > 双瓦楞 > 单瓦楞。

（4）瓦楞纸板含水率的影响。瓦楞纸箱的抗压力与其含水率的关系可用下式表示：

$$P=a \cdot 0.9x$$

式中　P——瓦楞纸箱的抗压力，N；

　　　a——含水率为 0 时的抗压力，N；

　　　x——瓦楞纸箱的含水率，%。

纸板不同含水率时的抗压力可以利用这个关系式算出。

（5）瓦楞纸箱的箱型、周边长、长宽比、箱高与纸箱抗压力的关系，如图 3-32、图 3-33。纸箱在承受堆码压力时，大部分的应力都集中在四个边角部分，而四边的中央部分，其压缩应力较四个箱角小得多。由此可以推断：正方形纸箱比长方形纸箱更为理想。因为纸箱边长的增加，其抗压力并不能成比例地增加。在用料和楞型相同的情况下，纸箱周长的增长与抗压强度的增长会形成一种变化的曲线，开始纸箱的周长越长，抗压强度越高，但随着纸箱周长的加大，增加了纸箱的不稳定性，在周长达到一定阶段后，所能承受的抗压强度会呈现按一定比例的递减。

纸箱的长宽比取 1.2 ~ 1.5 时，纸箱的抗压力最大，其他比值时均下降。高度在 100 ~ 350mm 时，抗压强度随着纸箱的高度增加而稍有下降；高度在 350 ~ 650mm 之间时，纸箱的抗压强度几乎不变；高度大于 650mm 时，纸箱的抗压强度随着高度增加而降低。

图 3-32　纸箱堆码 1

图 3-33　纸箱内包装

（6）印刷设计和印刷面积对瓦楞纸箱抗压力的影响如图 3-34。近年来，由于印刷技术的进步，多采用水性油墨，印刷压力也比过去有所降低，但由于印刷造成的影响还是不容忽视的。印刷的图文越多，纸板受到的压力越大，纸箱的抗压力就越小。因此建议多采用彩印纸箱。

（7）手挽孔与通风孔对瓦楞纸箱抗压力的影响。手挽孔的位置越接近上盖或下底，纸箱的抗压力越低；手挽孔的位置离中心越远，纸箱的抗压力越低，因此，手挽孔的位置最好尽可能在上下左右的中心附近。手挽孔在纸箱的中央部位时，抗压力降低约 2%～4%，手挽孔在纸箱的上下两端或左右两侧时，抗压力降低约 10%。

图 3-34　瓦楞纸箱

（8）纸箱的堆码时间对抗压强度的影响。纸箱的抗压强度随着装载时间的延长而降低，称为疲劳现象。在长期载荷的作用下，只要经历一个月的时间，纸箱的抗压强度就会下降 30%。在设计纸箱时，对流通时间较长的纸箱应提高其安全系数，如图 3-35。

要抓好瓦楞纸箱产品质量就要从瓦楞纸箱生产控制及生产工艺控制中抓起，以质量预防为主，质量把关为辅，防检结合，把质量的影响因素消灭在生产过程中，不断提高纸箱产品质量。

图 3-35 纸箱堆码 2

训练与测试

教师可将学生分为每组 5~6 人，每组选定特定的纸箱包装，参考图 3-36、图 3-37、图 3-38、图 3-39、图 3-40 进行包装检测与评价，完成以下任务：

（1）完成纸箱包装设计方案（包括结构图等）。

（2）对指定的纸箱包装进行临摹。

（3）制定包装加工工艺流程。

（4）对纸箱质量和相关强度进行检测与评价。

（5）对生产 2000 个同样产品进行单个估价。

（6）分小组汇报并进行互评。

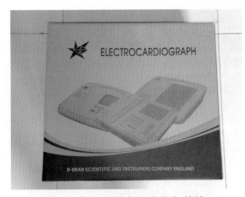

图 3-36 小型电子产品包装箱

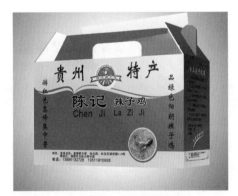

图 3-37 食品包装箱

图 3-38　饮料包装箱

图 3-39　日用品包装箱

图 3-40　电器包装箱

模块四
产品软包装的检测与评价

塑料是 20 世纪初发展起来的新兴包装材料。塑料以其品种繁多，性能优良被广泛用于各类产品的包装，目前，塑料作为一种重要的包装材料，成为现代人类生活中不可或缺的材料，如图 4-1。塑料复合软包装材料克服了单一包装材料的缺点，用于多种商品的包装，发挥各种材料的优势，更好地保护商品，如图 4-2。

图 4-1　牛奶包装

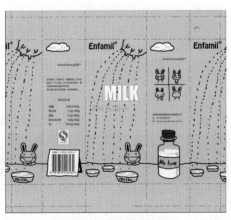

图 4-2　袋包装展开图

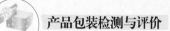

塑料软包装广泛地应用于食品包装、药品包装、化妆品包装、液体包装、粉质品包装等包装领域。

软包装袋的生产流程如图4-3所示。

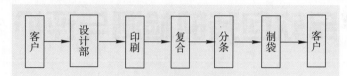

图4-3 软包装生产流程图

软包装袋的整个生产流程中材料及容器质量控制需实施的环节包括：设计过程中对塑料薄膜或复合材料的选择；生产过程对软包装袋的质量控制；成型后对软包装袋的质量评价及质量参数的修改。现以市场上某一油炸食品的软包装袋为例，为保存油炸食品的香味及干燥性，该产品的软包装袋应该具有防潮、隔氧、遮光的特性，具体的指标如表4-1所示。

表4-1 某油炸食品包装袋质量指标表

名称	指标	备注（检测条件）
透氧率	$\leq 3cc/m^2$ 24hrs	23℃ 0%RH
透水率	$\leq 6g/m^2$ 24hrs	38℃ 90%RH
封口强度	$\geq 6 \times 10^5 N/m^2$	
残留溶剂	$\leq 2mg/m^2$	苯类和酯类
密封性	良好	0.7MPa

项目一 油炸食品软包装袋的设计

一、材料结构设计

1. 软包装材料结构设计的要求和原则

如今的商品包装中，复合软包装无处不在，食品、生活日用品等，无不用到复合软包装。复合软包装材料是指两层以上（同类或不同类）的材料，采用一定的加工方法，牢固地复合在一起，以满足多种包装性能要求的一种复合材料。各材料结构层的性能要求随被包装商品特性的不同而变化，各结构层的主要性能要求包括：外层（机械强度高，耐热耐寒性好，印刷性能好，光学性能等好），中间层（应具有高阻隔性，气密性好，保香性好），内层（热封合性能好，无味、无毒、耐油、耐水、防潮、耐化学药品等）。

　　复合软包装材料可以取长补短，不仅具备各基材的性能，还增强了保质的作用，但在进行复合软包装材料结构选择时，除了满足其功能性外，还需要考虑其他因素，如环保性、成本等。尽量采用易于回收利用的材料是进行复合软包装材料结构设计应遵循的原则。同时，在达到功能要求的情况下，要尽可能地减少复合层数，达到包装轻量化，降低成本，方便回收。总之，复合软包装结构设计要根据各种材料固有的特征来选择包装物所必需的面料及里料，力求生产经济实惠、质优价廉的合格包装袋，将功能性、环保性、轻量、低成本的复合软包装材料应用到包装中。

　　2. 常用复合软包装材料

　　常用复合软包材料主要有三类：纸、塑料薄膜和铝。复合包装材料大致可分为：纸塑复合型、纸铝塑复合型、塑塑复合型等。

　　（1）纸包装材料。纸张具有良好的拉伸强度、印刷性能及折叠可塑性。一般用于复合材料层的最外层，在瓜子、牛奶等食品包装中广泛使用，如图 4-4 所示。

图 4-4　纸包装复合容器

　　（2）塑料薄膜包装材料。包装常用的塑料薄膜材料主要有 PE、PP、PET、PVC、PA、PVA、EVA、EVOH 等，下面分别介绍一下各材料的基本性能。

　　① PE。PE 的种类很多，是目前在复合软包装中最广泛使用的材料，造价低廉。LDPE 具有优良的化学稳定性、热封性、耐水性和防潮性、耐冷冻，缺点是对氧的阻隔性较差，耐热性不高，不宜做高温蒸煮材料，可做复合材料的内层包装。HDPE 耐高低温，可做冷冻、冷藏和高温蒸煮包装。LLDPE 的性能介于 LDPE 与 HDPE 之间，使用温度范围比 LDPE 宽 20℃，可做复合材料的内层包装，PE 包装容器如图 4-5 所示。

　　② PP。PP 的防潮、抗水性能好于 PE，无毒、无味、无臭，可与食品接触。弯曲强度高，耐折度高，适宜做连体包装，图 4-6 包装容器的成型就是利用了 PP 材料的如上特性。化学稳定性好，耐酸、耐碱、耐油，适宜制作调味品、药品、洗涤剂的包装。其缺点是耐候性差、不耐寒，不宜用于冷冻包装。目前 PP 主要包括 BOPP 和 CPP 两种。BOPP 质量轻，透明性好，光泽度高，尺寸稳定，坚韧耐磨，可做印刷薄膜。CPP 具有良好的热封性，耐热性能好，加热到 150℃不变形，可做高温蒸煮

内材，消毒医疗器械的包装。

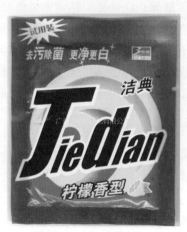

图 4-5　PE 包装袋

图 4-6　PP 包装盒

③PET。PET 的机械性能好，抗张强度大，冲击强度大，韧性好，耐摩擦性能好，尺寸稳定，可做印刷薄膜。PET 的阻隔性能好，耐高低温，可做冷冻、高温蒸煮包装材料。PET 无毒、无味、卫生安全，无色透明，光泽度好，气密性好，保香性高，可做食品包装材料，如图 4-7。

④PVC。PVC 机械强度高，耐压、耐磨性好，气密性好，在常温下对一般酸、碱耐腐蚀，具有良好的印刷性能，可作为防水、防潮外包装材料使用。PVC 的扭结性能好，可做糖果的扭结包装，但由于软质 PVC 中使用的增塑剂有毒或有异味，所以不能直接与食品接触，如图 4-8。

图 4-7　PET 包装袋

图 4-8　PVC 包装容器

⑤PA。PA 是一种非常坚韧的塑料薄膜，具有良好的透明度、光泽度、抗张强度和拉伸强度；具有良好的耐热、耐寒、耐油和耐溶剂性能；耐磨、耐刺穿。PA 的

阻隔性极佳，且其阻隔性不会随湿度的上升而下降，一般用于阻隔性要求很高的食品包装，如肉类、油炸食品、真空包装食品及蒸煮食品等，如图4-9。同时，从环保的角度考虑，在包装中使用量越来越大。

⑥ PVA。PVA耐折、耐磨；无毒、无味、化学稳定性好；耐热、高强度、耐溶剂、电介性好；阻气性和保香性极好，但由于其阻湿性差，所以阻隔性随吸湿量的增加而急剧下降。PVA通常与其他高阻湿性的薄膜复合，用做高阻隔性包装材料。PVA在一定条件下具有水溶解性和生物可降解性，所以在包装材料中占有独特的地位，如图4-10。

⑦ EVA。EVA弹性突出，无毒，能耐酸碱的浸蚀，因具有很好的低温热封性，常用作复合材料的热封层。

图4-9　PA复合食品包装袋

图4-10　PVA水溶性膜

⑧ AVOH。AVOH具有极佳的高阻隔性，对O_2、CO_2、N_2等的阻隔性高，可以用于无菌包装。具有非常好的耐油性和耐溶剂能力，在包装中可以提高保香和保质的作用，但它的吸湿性很大，所以通常与其他材料复合使用，可做肉类、油性食品等要求阻隔性高的包装材料，如图4-11。

图4-11　EVOH共挤真空包装袋

图4-12　Al包装袋

（3）铝包装材料。铝重量轻，美观，价廉；具有非常好的阻隔性，不但可以阻隔氧气、二氧化碳、水蒸气等气体，特别是能阻隔紫外线，遮光性能好，因而具有良好的保香性和气密性。铝能进行高温杀菌，卫生、无毒、无害，回收利用性好，无环境污染。包装中一般将铝箔与其他材料复合，形成复合材料，或以镀铝薄膜的形式出现，作为中间阻隔层使用。镀铝薄膜在包装中应用广泛，目前常用的有 VMPET 和 VMCPP，用于一些保香性、干燥性要求较好的产品包装，图 4-12 为 Al 包装产品。

3. 复合软包装的材料结构设计

复合软包装容器的材料结构设计是在满足材料结构设计的原则和要求下进行的，所以项目中油炸食品的软包装袋其复合包装袋的结构设计可以如图 4-13 所示。

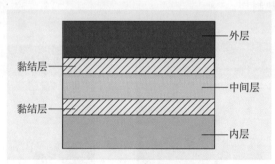

图 4-13　软包装材料结构图

外层为 BOPP 包装材料，BOPP 质量轻，透明性好，光泽度高，尺寸稳定，坚韧耐磨，可做印刷薄膜，同时，BOPP 防潮性好，化学稳定性佳，耐酸、耐碱、耐油，且无毒无味，适宜食品的包装；中间层为铝箔材料，铝的阻隔性能极佳，可以阻隔氧气、二氧化碳、水蒸气等气体，具有良好的保香性，可以保证油炸食品的香味且避免受潮；内层为 LDPE 材料，该薄膜具有优良的化学稳定性，耐水性和防潮性好，对产品具有较好的保护作用，同时，LDPE 具有良好的热封合性能，便于复合袋的封口，保证整个包装袋的气密性，LDPE 价格低廉，成本上可接受。所以，整个包装不但考虑了对内装物的保护，还考虑到了材料的外装潢和成本，总体设计合适合理。

下面从复合软包装袋的特性要求方面来阐述一下常用包装材料的结构设计。

（1）蒸煮类。满足蒸煮包装的材料一般为耐高温可杀菌类材料，基本以具有遮光杀菌性能的铝箔为中间层，高阻隔性、印刷适性较好的 PA、PET 为最外层，具有热封性的 PE、PP 为内层材料制成高温蒸煮材料，目前一些具有高阻隔性的镀铝材料也被广泛使用，常见的多层复合结构有 PET/CPP、PET/Al/HDPE、PET/Al/CPP、PA/Al/CPP、VMPET/CPP、PET/NY/CPP 等。

（2）高阻隔性。高阻隔性的复合包装主要要求复合材料应具备防潮、阻隔气体、遮光保香的作用。常用于饼干、薯片、膨化食品等各类干燥食品的包装，以及米制小吃、零食、油炸食品、茶叶、汤料粉等各类食品的防潮保香包装。这类物品一般在常温下储存，所以复合材料要保证其高阻隔性，同时要有耐油的性能。常用的多层复合结构有 BOPP/VMCPP、BOPP/PET/CPP、BOPP/VMPET/CPP、BOPP/Al/LLDPE、

BOPP/VMPET/LLDPE、MATBOPP（消光 BOPP）/VMCPP、NY/VMPET/LLDPE、纸 / Al/LLDPE、PET/ 纸 /LLDPE、PET/VMEVOH/CPP 等。

（3）耐温。耐温复合包装即指复合材料要求耐高、低温。耐高温材料主要是符合高温蒸煮的要求。对低温要求较高的物品主要是一些冷冻食品、碳酸饮品及一些可低温贮存食品、物品，如点心、零食、巧克力等。常用多层复合结构有 OPP/LLDPE、MATBOPP/CPP、NY/Al/PET/LLDPE、BOPP/EVA 等。

（4）耐化学性。复合材料的耐化学性主要是指对酸碱的耐受性，特别是与内装物接触的内层材料对酸碱、有机溶剂等的耐受性能。这类复合软包装袋主要用于日常生活用品、各类食品、各类调味品等的包装，如洗衣粉、碳酸品、汤料粉、咖啡、高浓汤、香料等。常用多层复合结构有 PET/Al/NY/CPP、PET/Al/PET/CPP、PET/CPP 等。

（5）无菌包装。无菌包装可以在无菌的条件下，不要添加防腐剂，在常温下就能最大限度的保存内装物原有的成分和风味，方便储存。无菌包装的复合软包装材料要求材料具备极佳的阻隔性能，特别是对氧气、二氧化碳、氮气等气体要有高阻隔性，且不会因外界温湿度的变化而发生明显的下降，常用多层复合结构有 NY/EVA、NY/LLDPE、NY/VMEVOH/LLDPE、PET/VMEVOH/CPP、PA/Al/CPP、NY/Al/CPP 等。

（6）高机械强度。有些物品的包装要求材料具备一定机械特性，如糖果、装饰品等包装要具备扭结性，可采用 PVC、PET 材料制作。对于一些重型包装品，需采用强劲、耐冲击性能较好的材料，如肉类、米等的包装，软包装材料可以用 NY、NY/LLPDE 等。

（7）美观、装潢、防静电。礼品、装饰品等要求外包装较美观的物品的包装可使用一些经过处理的软包装材料，如 VMBOPP，该材料表面透明，镀层后遮光效果好，起到一定的美观作用，还有各类珠光膜，其表面珍珠光泽具备较好的视觉效果。PVA 环保性能佳，具备较高的防静电性能，可做恤衫、毛衣等织品的外包装材料。

二、容器结构设计

软包装的容器结构主要有三种：三面封口袋、四面封口袋和直立袋，如图 4–14 所示。

（a）三面封口袋　　　　（b）四面封口袋　　　　（c）直立袋

图 4–14　软包装容器结构

三面封口袋是将塑料薄膜做成圆筒，然后将边封合在一起，封合的边成为成品包装的后缝，将圆筒底端夹瘪、封合，把产品装进去，然后加上顶缝；四面封口袋是用两卷膜四边封合形成平袋或一卷薄膜采用缺口导板成型器成型制成袋；直立袋包装的底部成平面状，是可以垂直摆放在市场货架的一种软包装容器，直立袋附带有喷嘴、易开启结构和再封拉链等附带品，具有特色。软包装容器结构展开如图 4-15 所示。

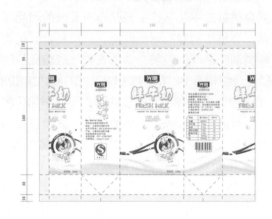

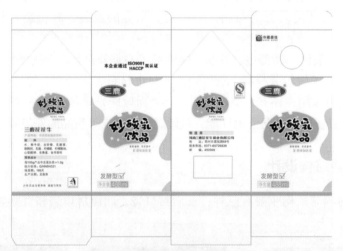

图 4-15　软包装容器结构展开图

项目二　油炸食品软包装袋质量检测与评价

一、塑料薄膜鉴定

　　塑料薄膜分为单层（图 4-16）和复合（图 4-17）两类，故鉴定方法也有所不同。

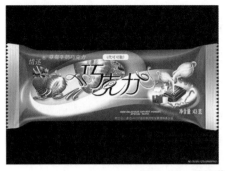

图 4-16　单层薄膜的塑料包装产品

图 4-17　复合薄膜的塑料包装产品

1. 单层薄膜和复合薄膜的区分

（1）显微镜法。各种塑料的折射率不同，拉伸后的双折射值不同，因此在相差或偏光显微镜中观察时，将呈现不同的颜色，从而可把它们区分出来。检测的方法如下：将薄膜夹在切片机上，沿着横断面切出一薄片（约 10 ~ 15um），置于偏光显微镜下观察，从双折射（颜色）和形态区分出薄膜的层数。

（2）剥离法。对挤出复合或干式复合等制得的复合薄膜，拉扯或揉搓后，因形变不一致而发生剥离；或者进行一定的加热处理，使黏合剂层熔融，黏结强度下降，因而黏合在一起的薄膜可以剥离。再有结晶高聚物的熔点不同，也可借此方法把它们分离开来，作出是否复合薄膜的判断。

（3）溶解法或溶剂法。利用溶解或溶胀性能的不同，或溶剂渗入界面后改变界面的张力，来分离复合薄膜各层的原理，可对复合薄膜、单层薄膜加以区分。

（4）物性测定法。用热分析法从测定的热谱中的特征温度作出判断。若是 PP/PE、PET/PE、PA/PE 等，在谱图中将出现相应各组分的熔融峰温。虽然这样的热谱还可能出现于共混塑料制得的薄膜中，但至少提供了一个判断依据。

2. 单层薄膜的鉴定

（1）简易鉴定。从外观、手感、燃烧状态进行简易判断是较通常的方法。如PVC燃烧时冒白烟，且拉伸时一般没有细颈；PE和PP燃烧时有熔滴，火焰带蓝色。从透明度上也可以进行简单的判断，PE膜总带点浑浊；PET透明度高，膜抖动时声音较脆，燃烧时冒黑烟等。

（2）热谱法。用DSC测定Tg和Tm等转变温度，可以从特征转变温度来鉴定。如熔点为105～115℃的是LDPE，为125～130℃的是HDPE，为165～170℃的是PP，为250～265℃的是PET、PA-66等。进一步区分塑料薄膜，可用简易的燃烧鉴别法及红外线光谱法来区别。

（3）红外线光谱法。高聚物分子链节结构含有多种基团，不同的高分子化合物其构成链节的基团各不相同。这些不同的基团的运动有振转的、摇摆的或伸缩的。因此，红外线作用于高聚物时，它们将吸收相应波长的红外光，在红外光谱中构成它们的特征的吸收谱带，从特征谱带的数目、位置（相应红外线光波长或波数）和强度，可判别该薄膜是何种薄膜。

检测的方法如下：由于红外线的穿透厚度有一定范围，薄膜的厚度要小于15μm，用红外线分光光度计测定，取得谱图后，对照高聚物的红外线谱图分析表确定相应的材料。

（4）溶解性能的试验分析。不同塑料有不同的溶解性能，有些塑料溶解于水，有些塑料可以溶解于一些溶剂，可以通过选择几种溶剂的溶解性试验，做出鉴别或进一步证明。

单层薄膜的鉴别方法比较简单，复合薄膜的鉴别包括复合的层数、各层薄膜的塑料品种等，要做到比较全面鉴别的关键是各层薄膜的分离，只要能分离，便可采用单层薄膜的鉴定方法，分别对它们做出鉴定。各种鉴定方法均有其一定的使用范围，所以要比较肯定地对某个薄膜做出鉴别，有时得使用多种方法，从不同方面进行分析，再综合得出结论。下面举例说明。

鉴定项目一中的油炸食品包装复合薄膜。从样品的外观观察，根据颜色能够直接观察出有Al包装材料，用加热熔融法对材料进行分离，分离出两片薄膜，一片是透明的，一片是浑浊的，表明该复合材料至少还有两种高聚物构成；利用简易分析（燃烧）、热谱分析及红外线分析等，对两种材料进行鉴定。最后得出该材料是由BOPP/Al/LLDPE复合的塑料薄膜。

二、塑料软包装袋质量检测

在塑料包装材料中，人们根据物品包装的不同需求，来选择合适的包装材料，各种塑料薄膜及软包装复合材料具有不同的物理、机械性能及卫生要求，为了满足商品包装的要求，对包装材料及成品进行检测是必不可少的环节。软包装生产企业质量管理流程如图4-18所示，整个质量控制包括原材料，生产过程的质量检验及最后检验。

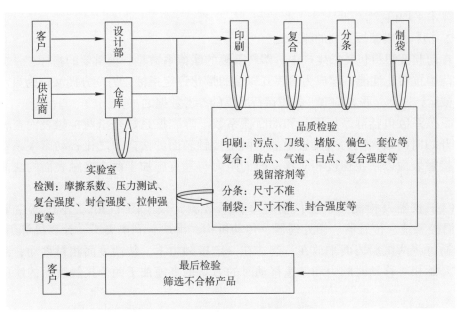

图 4-18　软包装袋生产质量控制流程图

1. 塑料薄膜厚度的测定

塑料薄膜的厚度是影响薄膜机械性能、阻隔性能的因素之一，其测定的方法是采用机械法即接触法测量。

（1）仪器及检测。检测仪器是塑料薄膜测厚仪（图 4-19），本试验仪主要由控制系统、测量系统、打印输出系统三部分组成。测量系统对薄膜进行测量，仪器的常规测量范围为 $0 \sim 2mm$，测量压力为（17.5 ± 1）kPa，接触面积为 $50mm^2$。

图 4-19　塑料薄膜测厚仪

操作步骤：通电→设置测量参数→进入测试界面→放置待测薄膜→启动测量→测量结束→打印输出测量结果→试验结束。

（2）结果处理。测量结果是指材料在两个测量平面间得到的结果，通过多次测量取算术平均值。

2. 塑料薄膜摩擦系数的测定

在薄膜及塑料包装袋生产中，塑料薄膜的摩擦系数是一项重要的指标。一方面它和薄膜抗粘连性能一起成为薄膜开口性的量化评定指标，另一方面又作为自动包装机械运行速度、张力调节、薄膜运行磨损的参考数据之一。

摩擦系数包括静摩擦系数和动摩擦系数。静摩擦系数是指两接触表面在相对移动开始时的最大阻力与垂直施加于两个接触表面的法向力之比；动摩擦系数是指两接触表面以一定速度相对移动时的阻力与垂直施加于两个接触表面的法向力之比。

（1）仪器及检测。检测仪器是摩擦系数测定仪（图4-20）。本仪器主要由PID温控系统、传感器、微处理器、传动机构、滑块、剥离夹头、计算机等组成。试验通过将两试验表面平放在一起，在一定接触力下，使两表面相对移动，测得试样开始相对移动时的力和匀速移动时的力与垂直施加于两个接触表面的法向力之比。

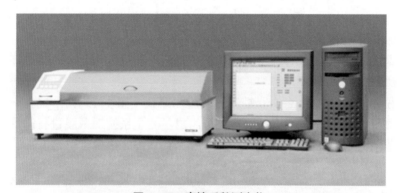

图4-20　摩擦系数测定仪

操作步骤：水平调节→通电→选择试验项目→设定温度→放样→试验→试验结束→显示试验结果→数据处理。

（2）结果处理。计算公式：

$$静（动）摩擦系数 = 静（动）摩擦力 / 滑块的正压力$$

3. 塑料薄膜及软包装复合材料撕裂度的测定

撕裂度一般用来评定塑料薄膜及其复合材料的抗撕裂能力。测试仪器是撕裂度仪，仪器主要由摆锤支架、扇形摆锤体、摆轴、固定夹具、活动夹具、增重砝码、冲刀、摆锤释放机构、计算机等组成。测试原理是将具有规定切口的长方形试样加持在相应位置，将摆锤提升一定高度，使其具备一定的势能；当摆锤在自由下摆时，利用其自身贮存的能量将试样撕裂，以撕裂试样所消耗的能量来计算试样的耐撕裂度。测试方法见纸张及纸板的撕裂度测试。

4. 塑料薄膜及软包装复合材料拉伸强度、热封强度及剥离强度的测定

塑料薄膜及软包装复合材料拉伸强度、热封强度及剥离强度的测试可以电子拉

力试验机完成，如图 4-21 所示。

（1）塑料薄膜拉伸强度的测定。拉伸性能是最基本、最普通的一种力学性能测试方法。将试样裁成长方形或哑铃形，测试前，在试样上画出标线，以一定速度拉伸试样，直至试样破裂。记录破裂时的最大载荷以及破裂时的标线距离。拉伸强度为最大载荷与试样截面积之比。

（2）塑料薄膜及软包装复合材料热封强度的测定。塑料薄膜作为制作包装容器的材料，容器的封合往往利用塑料薄膜的热封性能进行封装。包装容器是否达到良好的封口性能，热合的质量很重要。用于测量热封合强度的仪器有热封试验仪、热封梯度仪及热封拉力试验仪，常用的设备是热封梯度仪。

图 4-21　电子拉力试验机

电子拉力试验机对热封合强度的测量是将热封好的材料裁成条形，将试样的两端夹在拉力试验机的上下两个夹具上，进行拉伸，破坏试样封合部位所需的最大力值，即是热合的力值。热封合强度以一定长度的试样拉破所需要的力来表示，单位用 N/m 表示。

（3）软包装复合材料剥离强度的测定。塑料薄膜、纸及铝箔等材料复合后，材料层与材料层之间会存在气泡、杂质、斑点等影响复合质量的问题，所以复合质量的好坏直接影响着复合膜的强度，阻隔性及其他性能的发挥，导致软包装容器使用寿命的降低。

电子拉力试验机对剥离强度的测量是将预先剥开起头的被测试样预分离层的两端夹在拉力试验机上，测试剥开材料层间所需要的力，以 N 表示，如图 4-22 所示。

5. 塑料薄膜及软包装复合材料透过率的测定

（1）塑料薄膜及软包装复合材料透湿性的测定。塑料薄膜及软包装复合材料的透湿率是复合材料的一个重要质量指标，特别是针对一些防水、防潮效果高的物品包装。通过透湿率的测定，达到控制与调节包装材料等产品的技术指标，满足产品应用的需要。

本试验使用是仪器设备是透湿性测试仪，图 4-23 所示。由主机、干湿度控制器、服务器、透湿杯、测试软件、取样器、校验砝码等组成。测量范围在 0～10000g/$m^2 \cdot 24h$，试验温度要求室温至50℃（标准38℃），试验湿度在 40%RH～90%RH（标准90%RH），测试面积为 33cm^2，试样厚度要求小于等于 3mm。

图 4-22　复合强度检测示意图

试验原理是在一定的温度下，使试样的两侧形成一特定的湿度差。水蒸气透过试样进入干燥的一侧，通过测定透湿杯减重随时间的变化量，从而求出试样的透湿量等参数，以 g/$m^2 \cdot 24h$ 表示。

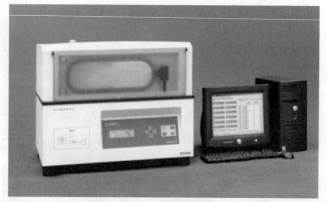

图 4-23　透湿性测试仪

（2）塑料薄膜及软包装复合材料透气性的测定。塑料薄膜及软包装复合材料透气性是材料质量的一个重要指标，透气性的大小决定了材料的气密性能、阻隔性能的好坏。

本试验使用是仪器设备是透气性测试仪，图 4-24 所示。仪器测量范围：$0 \sim 10000 ml/m^2 \cdot 24h \cdot 0.1MPa$，试样直径为 97mm，透过面积为 $38.46cm^2$，测试的气体为 O_2、N_2、CO_2 等纯度 99.9% 的干燥气体。

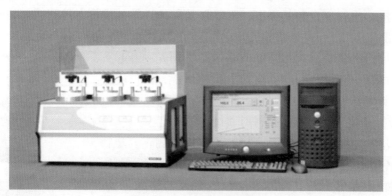

图 4-24　透气性测试仪

试验原理是在一定的温度和湿度下，使试样两侧保持一定的气体压差，通过测量试样低压侧气体压力的变化，从而计算出透气量和透气系数，以 $ml/m^2 \cdot 24h \cdot 0.1MPa$ 表示。

6. 软包装复合材料残留溶剂的测定

软包装塑料薄膜往往使用溶剂型油墨进行印刷，同时在复合工序中使用的黏合剂多数是溶剂型黏合剂，所以材料上存在残留溶剂，影响软包装袋的质量。对于食品包装，对异味和潜在毒性要求越来越严格，要求溶剂残留量越低越好。

本试验使用的仪器设备是气相色谱仪，如图 4-25 所示，实验的基本原理：以惰性气体作为流动相，利用试样中各组分在色谱柱中的气相和固定相间的分配系数不同，当汽化后的试样被载气带入色谱柱中运行时，组分就在其中的两相间进行反复多次的分配（吸附－脱附－放出），由于固定相对各种组分的吸附能力不同（即保存作用不同），因此各组分在色谱柱中的运行速度就不同，经过一定的柱长后，便彼此分离，顺序离开色谱柱进入检测器，产生的离子流信号经放大后，在记录器上描绘出各组分的色谱峰，经过数据处理完成对被测物质定性定量的分析。

国家对残留溶剂的量有明确的规定，国家标准中规定溶剂残留总量小于 $10mg/m^2$，苯类和酯类溶剂残留量小于 $3mg/m^2$。企业标准可能会高于国家标准为总量小于 $5mg/m^2$，苯类和酯类残留量小于 $2mg/m^2$。

7. 软包装容器密封性的测定

使用塑料薄膜或软包装复合材料制作的软包装容器，还需要对容器进行密封试验，通过试验可以有效地比较和评价软包装件的密封工艺及密封性能，为确定相关的技术要求提供科学的依据。

软包装容器密封性测定仪器采用密封试验仪，如图 4-26 所示。该仪器主要由透明真空室、微电脑集成电路板、真空发生系统等组成。通过对真空室抽真空，使浸在水中的试样产生内外压差，观测试样内气体外逸情况，以此判定试样的密封性能。

图 4-25 气相色谱仪

图 4-26 密封试验仪

前面表 4-1 对材料结构为 BOPP/Al/LLDPE 的油炸食品软包装袋的性能指标提出了具体的要求，所以，要达到质量指标需对各种材料进行相应的性能测试，测试结果如表 4-2 所示。

表 4-2 一油炸食品各材料性能检测指标

检测项目 材料	透氧率 / （cc/m² 24hrs）	透气率 / （g/m² 24hrs）	封口强度 / （N/m²）	密封性能	残留溶剂 / （mg/m²）
BOPP	1900	6			
Al	1	1.4			
LLDPE	5000	18			

续表

检测项目 材料	透氧率 / (cc/m² 24hrs)	透气率 / (g/m² 24hrs)	封口强度 / (N/m²)	密封性能	残留溶剂 / (mg/m²)
BOPP/ Al /LLDPE （复合）	3	5	6.3×10^5		1.8
整袋				良好	
是否合格（整袋）	合格	合格	合格	合格	合格

在复合软包装材料结构中，虽然 BOPP 及 LLDPE 的透氧、透水率较高，但 Al 的透氧、透水率很低，经过复合后其复合材料的综合透氧、透水率能够达到质量要求。

项目三　油炸食品软包装袋计价

由于每个软包装印刷企业，各自的生产情况不同，且企业的经营方针也有不同，所以包装产品工价的制定也存在差异，估算的包装产品费用也存在较大的差距。目前，软包装纸袋生产公司对产品价格的计算较常使用的是包装产品的成本估算这种方法。软包装企业对产品的工价计算主要分为两个方面：一方面是印版费用，另一方面是成品工价。

印版的费用主要看产品需要印刷几个颜色，凹版印刷通常是一个颜色一个印版滚筒，按每平方厘米需要多少元进行计算，企业会直接将印版的费用报给客户，由客户支付印版的费用。

成品的工价由多个方面构成，包括材料成本、设备成本、管理成本等。材料成本一般包括原材料、油墨、复合胶水等材料成本，占整个产品工价的 40%~50%，考虑到生产中材料的损耗，通常原材料需加放 5% 左右。

以普通三边封的软包装袋为例，其产品材料成本计算如下：

（1）计算三边封包装袋面积：长 ×（宽 + 中封边）×2，单位（m²）。

（2）计算每平方米的价格：材料密度（g/m³）× 厚度（m）× 材料进价（y/g）+ 2.5（g/m²）油墨 × 材料进价（y/g）+2.5（g/m²）复合胶水 × 材料进价（y/g），单位（y/m²）。

（3）单个软包装袋材料成本：单个软包装袋面积 × 一平方米的价格。

其中油墨和复合胶水按每平方米 2.5g 计算（不同企业对印刷及复合的计算方式不同），复合如果是多层复合就乘相应的层数，即 2.5 × N。

油炸食品包装袋为三边封的软包装袋，袋长 × 宽为 25cm × 15cm，其平面结构如图 4-27 所示，该包装袋是 BOPP、Al 和 LLDPE 复合材料。BOPP 材料的密度是 0.90g/cm³，厚度 2S，材料进价是 15000 元 / 吨；Al 的密度是 2.7g/cm³，厚度是 0.7S，材料进价是 15800 元 / 吨；LLDPE 材料的密度 0.90g/cm³，厚度 1.5S，材料进价是 10000 元 / 吨；油墨的进价是 300 元 / 千克；复合胶水进价是 30 元 / 千克。需生产软包装袋 10 万个，加放数为 5%，则材料成本价格计算如下：

单个软包装袋面积：0.25 ×（0.15+0.011）× 2=0.0805m²

每平方米的工价：PP：0.90×10^6g/m³ ×（2×10^{-5}m）× 0.015y/g=0.27 元 / 平方米

Al：2.7×10^6g/m³ ×（0.7×10^{-5}m）× 0.0158y/g=0.298 元 / 平方米

PE：0.90×10^6g/m³ ×（1.5×10^{-5}m）× 0.01y/g=0.135 元 / 平方米

油墨：2.5g/m² × 200 元 / 千克 =0.5 元 / 平方米

复合胶水：2.5g/m² × 30 元 / 千克 =0.075 元 / 平方米

每平方米的工价：0.27+0.298+0.135+0.5+0.075=1.278 元 / 平方米

单个软包装袋材料成本：1.278 元 / 平方米 × 0.0805m²=0.102 元

10 万个软包装袋材料成本：10^5 ×（1+5%）× 0.102=10710 元

设备成本主要是指印刷设备、复合设备及制袋设备等的折旧费用，占成品工价的 10%~20%，由于每个企业的设备状况、使用情况、折旧率算法不同，所以整个的设备成本费用也大有不同；管理成本主要是指人工费用、水电费用、其他等，占成品工价的 10%~20%，由于不同的地区、不同的企业，员工的工资水平也不一样，所以管理费用也有较大的差异。

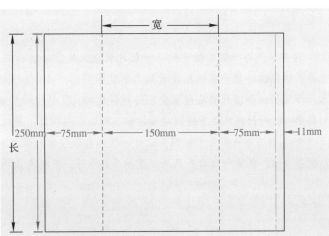

图 4-27　三边封软包装袋结构尺寸图

训练与测试

1. 从身边的物品中找到两边封、三边封及直立软包装袋，并根据所装的内装物特性，通过直接观察分析的方式分别说明袋子的材料结构。

2. 教师可将学生分为每组 5~6 人，进行包装检测与评价，完成任务 A 和 B，具体要求：

①完成软包装袋包装设计方案（包括结构图等）。

②对指定的软包装袋进行临摹。

③制定包装加工工艺流程。

④对软包装袋质量进行检测与评价（完成表 4-3）。

⑤对生产 5000 个同样产品进行单个估价。

⑥分小组汇报并进行互评。

表 4-3　检测与评价

材料结构	1	2	3	4	5	1→	
材料名称	HDPE					表示材料结构为从内到外设计	
质量检测	阻 O$_2$ 性				热封强度	是否合格	评价与修改
材料 1							
材料 2							
整袋							

任务 A：为一坚果炒货做一个软包装袋，装货封口后产品的保质期为 12 个月，软包装袋要能够保证炒货的香味在保质期内不发生变化，同时要保证炒货的干燥性。①若不考虑成本，请设计出合理的满足包装要求的材料结构；②根据材料结构的设计及包装对干燥和保香的高要求，对材料及成袋进行质量控制，明确检测项目，并对结果进行评价。

任务 B：为一熟食（板鸭）设计一软包装袋。该包装袋要求既能够高温蒸煮，同时又可以低温冷藏，装货封口后产品的保质期为 6 个月，根据内装物的特点及包装要求完成。

模块五
其他包装容器的检测

📖 **知识目标**

了解金属包装容器的种类和特点；了解玻璃包装容器的种类和特点；掌握金属包装材料的检测方法；掌握玻璃包装材料的检测方法。

✏️ **能力目标**

具备合理选用金属容器的能力；具备检测金属容器的能力；具备合理选用玻璃容器的能力；具备检测玻璃容器的能力。

💎 **情感目标**

培养学生细致耐心的能力；提高学生的审美能力。

项目一　金属包装容器的检测与评价

金属材料是人类发现和使用最早的传统材料之一，在我国和一些发展中国家，金属材料至今占据着材料工业的主导地位。金属材料是四大包装材料之一，其种类主要有钢材、铝材，成型材料是薄板和金属箔。随着现代金属容器成型技术和金属镀层技术的发展，绿色金属包装材料的开发应用已成为发展趋势。

金属材料在包装材料中虽然用量相对不大，但由于其有极优良的综合性能，且资源丰富，所以金属在包装领域仍然保持着极大的生命力。特别是在复合包装材料领域找到了用武之地，成为复合材料中主要的阻隔材料层，如以铝箔为基材的复合材料和镀金属复合薄膜的成功应用就是很好的证明。

总的来说，金属包装材料具有以下特点。

（1）金属材料延展性好，加工方便，容易成型。金属材料具有延展性好，加工方便，成型效果好，加工工艺成熟，能连续化、自动化生产等特点。如板材可以进

129

行冲压、轧制、拉伸、焊接制成形状大小不同的包装容器，如图 5-1；箔材可与塑料、纸等进行复合；金属铝、金、银、铬、钛等还可镀在塑料膜和纸张上。

（a）

（b）

图 5-1　金属包装盒

（2）金属材料具有优良的综合防护性能和阻隔性能。金属强度高，机械性能优良，对光、气、水的阻隔性好，防潮性、保香性、耐热性、耐寒性、耐油脂等性能大大超过了塑料、纸等其他类型的包装材料，可长期有效地保护内装物，适合包装的多种要求。

（3）金属材料具有良好的装潢性能。金属材料表面光滑光亮，易于印刷，具有良好的装潢性能，可以提高包装物体的美感和档次。另外，各种金属箔和镀金属薄膜是非常理想的商标材料。

（4）金属材料易于回收和再生利用且利于轻量化设计。金属包装材料来源丰富，易于回收、再生利用或重复使用，且无污染；同时，便于在包装上推广轻量化设计，从而节省材料，提高效益。

（5）金属包装材料的不足之处是化学稳定性较差，不耐腐蚀。金属包装材料虽然有以上特点，但也有不足之处。主要是化学稳定性较差，耐蚀性不如塑料和玻璃，尤其是钢质包装材料容易锈蚀。因此，金属包装材料多需在表面再覆盖一层防锈物质，以防止来自外界和被包装物的腐蚀破坏作用，同时也要防止金属中的有害物质对商品的污染，例如金属材料中不同程度地含有重金属离子 Pb、Be、Sn 等，这些重金属离子能污染食品，而且对人体危害较大。

一、金属包装容器的制造

目前金属包装材料中的成型材料主要是薄板和金属箔。前者属刚性材料，如运输包装用钢材、镀锌薄钢板、镀锡薄钢板、镀铬薄钢板，一般是直接制桶、制罐；后者为柔性材料，如铝箔和镀铝薄膜等，一般采取真空蒸镀的方法在其他材料上镀上一层金属膜，以提高包装的阻隔防护功能。

1. 镀锡薄钢板（马口铁）

马口铁起始于欧洲，先将熟铁锻打成板，然后浸在熔融的锡液中镀上一层锡层成为热镀锡板。金属锡无毒、无味、柔软，附着于钢基板上，使之具有良好焊接性能，并外部光亮，成为世界上使用最广泛的一种金属包装材料，如图5-2。

图5-2 金属包装容器

马口铁的结构如图5-3所示。

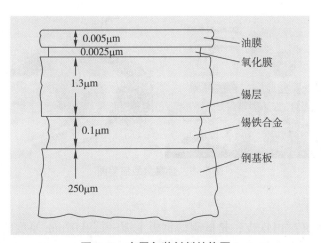

图5-3 金属包装材料结构图1

马口铁的检验分为生产检验和质量保证检验。电镀后切块的全部产品进行外观检验，看是否有针孔、表面瑕疵、损伤等缺陷，并对切块厚度、重量、尺寸等进行抽查。

质量保证检验通常在专门的试验中进行。它又分为常规项目检验和特殊项目检验。常规项目检验是在生产过程中以及用户验收时作为质量保证的必要程序。主要有：硬度、镀锡量、合金层、氧化膜、油膜等。特殊性能检验主要用于研究开发新产品，工艺的改进等情况，主要有酸浸时滞值、铁溶出、ATC试验、晶粒度、空隙度、抗硫化斑等项目。

2. 无锡薄钢板（TFS）

无锡薄钢板简称镀铬板，是经过电解铬酸处理，下层是金属铬层，上层为钢板。

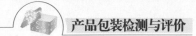
被广泛用于罐头工业，最多的是啤酒和饮料罐，以及一般食品罐罐盖等。

图 5-4 所示是 TFS 的结构组成。

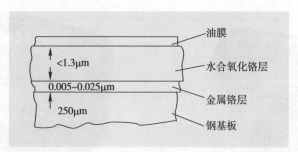

图 5-4　金属包装材料结构图 2

镀铬板与马口铁一样采用冷轧带材为钢基材，只是将钢板表面改成镀铬，是一种电解铬酸处理方法。紧贴钢原板的是金属铬薄膜，上面一层是铬的水合氧化物，因此 TFS 有一定的耐腐蚀性。TFS 对有机涂料的附着力特别好，比马口铁高 3~6 倍。因此，TFS 适合制造罐底盖和二片拉伸罐，如图 5-5。

图 5-5　金属食品包装图

3. 镀锌薄钢板

镀锌薄钢板又称白铁皮，是低碳薄钢板上镀一层 0.02mm 厚度的锌保护层而得，使钢板防腐蚀能力大大提高，通常采用热镀锌板制造各种容量的桶和特殊用途的容器等，如图 5-6。

图 5-6　镀锌薄钢板

4. 铝合金板

铝合金板具有比重小、不生锈、光泽银亮美观、成型性好、有一定强度且易回收等优点，在包装行业广泛用于制造各种饮料罐、喷雾罐、防盗瓶盖以及日用和各种医用药管，其中以饮料罐用量最大。

金属包装用铝合金大约有 15 种，但主要的合金元素只有 Mn 和 Mg 两个，其含量范围分别是 0.2%~1.5% 和 0.8%~5%，这些合金均为防锈铝合金。这两种元素的主要作用是提高板材的强度，改善板材的加工性能同时不明显降低铝的抗腐蚀性。

目前，各国铝合金易拉罐的产量都已占铝合金带材总产量一定的份额。以易拉罐为例，介绍其成型方法。

易拉罐由罐身和罐盖两部分组成（如图 5-7），首先由薄铝带（厚 0.27~0.33mm，宽 1.6~2.2mm，一卷重约 3T）由冲床冲成圆杯，接下来冲后的杯由拉伸机拉成罐子的形状；拉伸后的罐子经清洗、烘干、外表印刷并烘干，罐口缩颈翻边，漏光检测后成型为易拉罐。罐盖也是用铝带用冲床一次冲成型的，经过喷涂烘干和检测后即完工，制作过程中不需要热处理。

图 5-7　铝制包装容器

铝制易拉罐在饮料包装容器中占有相当大的比重。易拉罐的制造融合了冶金、化工、机械、电子、食品等诸多行业的先进技术，成为铝深加工的一个缩影。随着饮料包装市场竞争的不断加剧，对众多制罐企业而言，如何在易拉罐生产中最大限度地减少板料厚度，减轻单罐质量，提高材料利用率，降低生产成本，是企业追求的重要目标。为此，以轻量化为特征的技术改造和技术创新正悄然兴起。

罐体制造工艺流程如下：卷料输送→卷料润滑→落料、拉伸→罐体成型→修边→清洗/烘干→堆垛/卸→涂底色→烘干→彩印→底涂→烘干→内喷涂→内烘干→罐口润滑→缩颈→旋压缩颈。在工艺流程中，落料、拉伸、罐体成型、修边、缩颈、旋压缩颈/翻边工序需要模具加工，其中以落料、拉伸和罐体成形工序与模具最为关键，其工艺水平及模具设计制造水平的高低，直接影响易拉罐的质量和生产成本。

金属包装多用于运输包装的大容器、罐、桶、集装箱，如工业产品包装容器，食品中的半成品粉粒、乳制品、油脂类及化工原料中的液体及固体状物质的包装等；在销售包装中主要是用于食品、饮料、油剂和一些化妆品中喷雾剂的包装，如饮料中的易拉罐，食品及日用品中的罐头筒、铝筒袋、金属浅盘，金属软管、金属封闭容器以及瓶盖、衬袋材料等。

二、金属包装容器性能检测

金属包装容器具有优良的阻隔性能、加工性能，使用方便性以及装潢外观性好、卫生性较好等优点，在食品、茶叶、饮料、化工原料等包装中被广泛使用，如盛装饮料的两片罐，盛装液态食品的三片罐，盛装饼干、月饼、糖果、茶叶和盛装油漆的金属罐以及喷雾罐等。但是它们化学稳定性较差，价格较高。

金属罐是主要的金属包装容器，其检测项目除容器的尺寸和容积外，主要是气密性、耐压性、卷边质量和容器的化学稳定性和卫生性。

1. 卷边质量检测

金属容器的密封多采用二重卷边结构。罐身和罐盖（底）通过封罐机卷封而形成二重卷边结构。卷封方法分为两种，一种方法是金属罐体旋转，卷边滚轮自转且对罐体作径向进给运动，完成二重卷边；另一种方法是金属罐体固定不动，卷边滚轮绕罐体四周旋转和自转，且向罐体作径向进给运动，完成二重卷边。

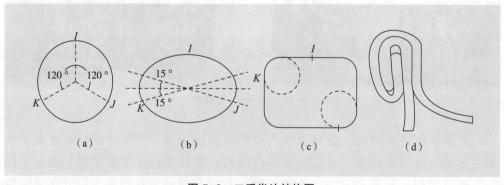

图 5-8　二重卷边结构图

卷边的外观检查通常采用目测法，如图 5-8 金属二重卷边的结构图中，金属罐不应存在假封、大塌边、锐边及快口、卷边不完全、跳封、卷边"牙齿"、铁舌及垂唇、卷边碎裂、填料挤出等缺陷。卷边的外部尺寸可用千分尺测量其宽度、厚度和罐盖厚度。卷边的内部质量也是采用目测检查和仪器检查，如皱纹深度、跳封、罐筒钩的尺寸等。图 5-8（a）、（b）、（c）是金属卷边过程中交联点的变换关系，图 5-8

（d）是卷边后的效果图。

表 5-1 检测指标

实验编号	二重卷边外部尺寸				二重卷边目测缺陷									
	外高（H）	卷边宽度	卷边厚度	埋头度	1	2	3	4	5	6	7	8	9	10
1														
2														
3														

注：目测缺陷中的编号所指缺陷如下：
　1. 锐边；2. 快口；3. 假封、大塌边；4. 垂唇、铁舌、牙齿；5. 滑封、跳过；6. 代号过浅；7. 代号过深；8. 代号模糊；9. 罐身突角；10. 接缝突角

表 5-2 罐盖成品检验结果

检测项目	结果			
	1	2	3	平均
圆边厚度 /mm				
圆边后罐盖外径 /mm				
罐盖肩胛底内径 /mm				
干胶量 /mm				

2. 气密性检测

金属包装产品之所以能够较长时间保存，关键在于容器的密封性，保证其内容物在杀菌后不再遭受微生物的第二次污染，确保商品无菌。因此，对金属容器密封性的检查十分重要。

对于低压金属包装容器，根据容器所使用的状态，确定送入容器内的空气压力。首先将所需压力的压缩空气冲入密封的容器内，然后将密封容器置入水中，检查有无气泡冒出。把密封容器置入40℃左右的水中时，气泡较易脱离，更容易发现漏气部位。

3. 耐压性能测试

罐体耐压试验适用于测试试验样品承受内压力的程度，由于金属容器特别是两片罐的内容物为充气饮料，所以对于金属容器而言耐压强度是非常重要的技术指标。

对于喷雾罐之类的高压容器，需要进行耐压试验，也称水压试验。直接减压试漏装置如图 5-9。具体测试方法是，首先用常温的水向试验容器内加压，一般情况是在没有达到 1.176MPa 以前 30~50s 内逐渐升压，在 1.176~1.274MPa 之间 20s 内逐渐升压。试验过程中观察容器的状态，不应产生变形。在达到所需压力时保持 30s，容器不应发生变形。

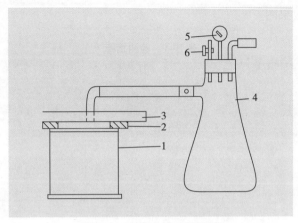

图 5-9   直接减压试漏装置

1-空罐；2-密封衬垫；3-试漏板；4-气液分离瓶；5-真空表；6-通气阀

4. 化学稳定性测试

金属包装容器的化学稳定性测试，根据容器是否含有内涂层而有所区别。对于没有内涂层的金属罐，要检查材料的变化；对于有内涂层的金属罐，要检查涂层状态和性质的变化，以及内装物的变化。检查涂层连续性和缺损情况的方法有硫酸铜溶液浸渍实验法、漆包等级实验法。

（1）硫酸铜溶液浸渍实验法。向容器内倒入由 200gCuSO$_4$、100g 浓 HCl 和 700g 水组成的试验溶液，浸泡 30~120s 左右，然后倒出溶液并用水清洗容器。在金属露出的部位，有铜析出，表面涂层不连续或有缺损。

（2）漆包等级实验法。根据金属罐的不同，采用不同配方的电解液。具体测试方法是，首先向金属罐内注入电解液，不要接触罐边缘等没有涂层的部位，然后将电极放在金属罐的中央，在电极和金属罐两端接通 6V 直流电压，金属罐接负极。如果有金属露出，测量仪表中就会有电流通过。利用试验装置的极性开关，罐壁上有氢气产生的部位就是金属露出部位，表面涂层不连续或有缺损。

金属作为食品包装材料最大的缺点是化学稳定性差、不耐酸碱性，特别是用其包装高酸性食品时易被腐蚀，同时金属离子易析出，从而影响食品风味。

5. 卫生性检查

对于盛装液体的金属包装容器，或内表面几乎完全接触固体食品的金属瓶罐，必须做浸出试验。依据内装物的不同属性，可采用不同 pH 值的浸泡液浸泡，如水、4% 醋酸、乙醇溶液、正庚烷等。在要求的浸泡温度下浸泡金属容器，达到一定的时间后，测定浸出液中的铅、砷、镉等元素含量，以及总的蒸发残渣和高锰酸钾消耗量等。另外，根据需要，有些金属包装容器还需要做减压试验和针孔试验。

项目二　玻璃包装容器的检测与评价

玻璃包装（如图5-10）因其材质透明，化学稳定性好，对内容物无污染，可以高温加热，旧瓶还可以回收再生利用，一直被认为是最好的包装材料。尽管近年来玻璃包装受到塑料和其他包装材料的挑战，但玻璃包装始终在包装领域占有不可或缺的地位。在整个国民经济发展中，玻璃包装发挥着重要作用。

图 5-10　玻璃包装容器

玻璃的主要成分是硅石（砂），化学组成因用途不同有很大变化。

玻璃是传统的包装物，有着悠久的历史，主要用于饮料、食品、药品和化学品的包装，具有如下明显特点：①在纯净的玻璃容器中包装物清晰可见，从而起到展示商品的作用；②玻璃具有化学惰性、无味、对液体和气体不渗透等特点，不会与其他物质起反应；③玻璃包装易于造型，颜色各异，可起到装饰或避光作用；④玻璃还具有良好的印刷性能；⑤有些玻璃还可以重复使用，不能重复使用的玻璃可以回收后再循环，再作为玻璃生产原料；⑥玻璃的组成相对比较简单，主要为硅酸盐，高温后成为惰性物质。玻璃也有易碎、质量大、抗环境温度差的缺点。

玻璃包装不可能被其他包装完全替代，废弃后玻璃本身不会严重污染环境，从资源价值角度看，应该鼓励回收应用。

一、玻璃容器的生产

1. 玻璃容器的生产

玻璃的生产过程包括玻璃配合料的制备和玻璃的熔制两个阶段。表5-3列出了

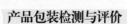 产品包装检测与评价

玻璃的基本组成。

表5-3   玻璃的基本组成   %

成分	器皿玻璃		平板玻璃	实验用玻璃	日用玻璃	
	白	绿	浮法玻璃	耐热玻璃	铅玻璃	压制玻璃
SiO_2	73.0	72.0	72.8	81.0	60.0	75.5
Al_2O_3	1.5	2.6	0.7	2.0	0.02	0.3
CaO	11.3	11.4	8.7	0.3	—	6.5
PbO	—	—	—	—	24.0	—
MgO	0.1	0.1	3.6	0.2	—	—
Na_2O	13.0	12.5	13.7	4.5	1.0	14.8
K_2O	1.0	0.5	0.2	0.1	14.9	2.0

（1）玻璃配合料的制备。将制造玻璃的各种原料运输、储存、称重、混合以制备出质量合乎要求的配合料，再送入熔窑。

（2）玻璃的熔制。高温下，使配合料形成质地均匀、符合成型要求的玻璃液，其实质是把结晶原料所组成的配合料转变为非结晶的玻璃。通常钠－钙－硅玻璃的熔制温度为1400~1600℃。熔制的温度、原料性质、配合料的制备质量、熔窑耐火材料的品质与少量添加物等是熔制的重要影响因素。

（3）玻璃容器的成型。玻璃容器是对称的中空制品。主要成型方法有吹制法和拉制法。早期玻璃容器的成型都是由人工吹制而成，现在主要在制瓶机上完成。

拉制法：一些应具备优良抗水、抗酸和抗碱性的玻璃容器，如医用安瓿、抗菌素瓶、注射器等玻璃制瓶，需要在一定温度下加热或长时间贮存中性溶液，溶液的pH值不变。此种玻璃称为中性玻璃，或称硼酸盐玻璃。加工此类玻璃容器的方法是先拉管后制瓶。

玻璃容器在成型过程中，玻璃与模具接触，表面受到急冷，出模后，为了防止变形，其冷却速度一般也比较快，导致在内外层产生了温度差，收缩不一致，从而产生内应力，至室温后外表面为压应力，内表面为张应力。由于容器厚度不均匀，各部位冷却情况不一样，应力不均衡，所以容器的机械强度和热稳定性大大降低，甚至会自行破裂。因此在生产时必须将玻璃容器进行退火，以消除残余应力。

2. 玻璃容器的设计

（1）选定原料。食品玻璃包装容器要求能承受100℃以上的杀菌温度，化学试剂的玻璃包装容器要求能抵抗腐蚀等；同时，还应根据玻璃原料选定相应的成型方法。在选定玻璃原料时，可同时考虑玻璃是否着色和进行表面处理与装饰加工。

（2）确定瓶型。

①根据商品的性能与使用要求选定瓶型。液态产品与瓶内残存空气长期共存，可能产生化学作用而影响商品性能，这种情况应选用小口径的瓶型。盛装饮料和酒精的玻璃容器要求能平稳将内装物倒出，有时又希望在倒出时液流产生中断现象；而含有杂质或沉淀的液态商品，要求仅可倒出清液。所以应有针对性选用瓶型。

②根据充装要求选定瓶型（如图5-11）。小口瓶高度过大，稳定性差，并且高度的制造误差对液态商品的罐装高度偏差影响大。短颈溜肩的小口瓶稳定性好，易洗涮，成型时玻璃熔料可均匀分布，且节省原料。但此类容器无法放置漏斗，难以进行人工罐装。另外用来包装粉状、液态商品的广口瓶，瓶身为多边形，因有死角而不适用于抽真空的罐头包装。所以要根据充装的要求选择合适的瓶型。

图 5-11　玻璃食品包装

③根据装饰要求确定瓶型。一般的造型方法对玻璃瓶和罐完全适用，但商品类别不同，造型设计也会有所区别。图5-12分别为男式女式香水包装，在造型上区别很大。

图 5-12　玻璃化妆品包装

（3）确定瓶壁厚度。参考标准或已有的实物确定瓶壁厚度。经验表明，不回收复用的玻璃瓶壁厚度约为 2mm 左右，回收瓶壁厚约 3~5mm。

（4）确定瓶容。瓶子体积的计算需要综合考虑内装物在正常温度下以及受热后的容积等。

（5）估算瓶体重量。根据选定的瓶壁厚度，沿着初定的瓶型外廓绘出壁厚。

$$G=（V_外-V_热）\times\rho$$

式中　G——瓶体质量；

　　　$V_外$——瓶外轮廓形成的体积；

　　　ρ——玻璃密度。

（6）选定瓶盖。

（7）玻璃包装容器的装饰。特别是小口瓶，比较注重装饰。恰当选定装饰方式外，还可以用商标标签、吊牌、彩带等进行装饰。

（8）绘制产品图。

二、玻璃容器的检测方法

一般检测包括厚度、形状、口径、高度、垂直度和均匀性。强度测试包括耐内压强度（GB 4546）、耐压强度、内应力（GB 4545）、热冲击强度、机械冲击强度（GB 6562）和飞散性试验。化学稳定性试验包括耐碱性试验和耐酸性试验。

1. 外观检测方法

玻璃容器的外观缺陷有 100 多种，主要表现在：口部变形、表面粗糙、凹凸不平、气泡、伤痕、螺纹台阶缺口等。我国基本上是人工检查玻璃容器的外观缺陷，一些发达国家已研制出多种自动检测机。

对玻璃瓶罐外观缺陷的检测，较简单的方法是采用目测或通过简单的量具进行抽样检查。例如，用卡规或环规测量瓶颈，用环规测量瓶外圆，用样规测量瓶外形，用塞规测量瓶口等。这种检查方法对检验人员的视力要求较高，工作量很大，同时也不能保证所有商品的质量。随着生产速度和质量要求的逐步提高，以及消费者对产品安全性的强烈要求，必须发展自动检测技术。目前，欧美等发达国家已研制出多重类型的自动检验机，广泛应用于玻璃瓶罐缺陷的检测与分析。采用自动检验机检测玻璃瓶罐缺陷，属于全部检查，不是抽样检查，这也是控制包装质量的一种有效方法。

2. 内压强度测试

耐内压强度是玻璃容器的一个综合指标，尤其是对于啤酒、汽水等含气饮料的包装容器的要求更高。

为保证玻璃容器使用安全，国际上一些国家提高了玻璃容器耐内压标准。目前国际上对充气瓶耐内压要求是 1.6MPa，我国 1989 年制定的标准是 1.2MPa，一般玻璃瓶为 0.8MPa。玻璃容器的耐内压强度与灌装时的压力、环境温度、外界冲击有关，如啤酒、汽水等含汽饮料的包装容器常温下内部压力在 196~392kPa，而当温度升至40℃时，内部压力升至343~588kPa。

如图5-13所示，在试验样瓶内装满水，压盖密封，加固防护罩。启动电机，向样瓶内充填压缩空气，使瓶内压力增加。此实验中可进行合格性试验和破坏性试验。

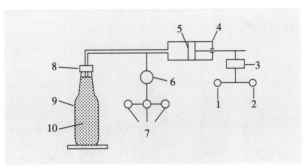

图5-13　内压强度试验原理

1- 启动按钮；2- 定时器；3- 电机；4- 汽缸；5- 活塞；6- 压力计；

7- 压力指示灯；8- 密封盖；9- 试样瓶；10- 水

3. 热冲击强度测试

测试玻璃容器承受温度突变的能力。玻璃容器在清洗、灌装、贮存及运输等过程中，如高温灌装、高温杀菌、骤然冷却或放入冰箱等，常伴有温度的急剧变化。要求玻璃容器能具有耐热冲击的能力。

耐热冲击试验原理如图5-14所示。

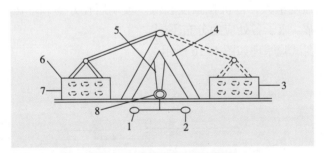

图5-14　耐热冲击试验原理

1- 启动开关；2- 计时器；3- 冷水槽；4- 支架；5- 链条；

6- 热水槽；7- 试样；8- 电机

大量试验统计表明，玻璃瓶承受急冷、急热的温差约为50℃，新瓶略高。目前，美国、日本等国家规定玻璃瓶耐急冷的温差为42℃，我国规定为39℃。

4. 内应力测试

玻璃容器在加工制造过程中，容器壁内存有残余应力，这种内应力的存在，加剧了玻璃容器的破损，尤其是容器受外界冲击、振动等作用时，内应力释放，内、外力共同作用，易使容器破裂。因此国家标准规定，对于啤酒等玻璃瓶必须进行内应力测试。

偏光法检查玻璃容器应力的原理，将试验瓶放入两个偏振片的中间来观察视场的亮度变化。如果试瓶中有应力，偏振光就发生旋转，视场亮度发生变化。把这一亮度与分为若干等级的标准变形亮度进行比较，然后得出应力的等级。

偏光法检测内应力原理如图5-15所示。

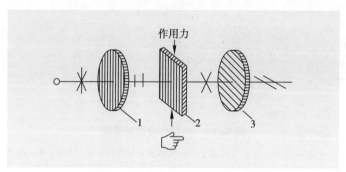

图5-15　偏光法检测应力原理

1、3- 偏振片；2- 非晶体

5. 机械冲击强度测试

玻璃容器破裂通常是由于机械冲击引起的。玻璃容器在最后破裂报废前，应能经得起多次冲击。冲击造成的破损，与冲击位置、容器形状、尺寸及状态有关。

6. 垂直载荷强度测试

玻璃的抗压强度很大，但抗拉强度较低。玻璃瓶在开盖和堆码时，受垂直载荷而使瓶子受到压缩，瓶子各处应力分布不同。

垂直载荷强度试验原理如图5-16所示。

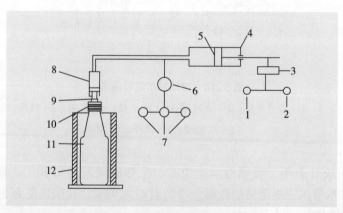

图5-16　垂直载荷强度试验原理

1- 启动按钮；2- 定时器；3- 电机；4、8- 汽缸；5- 活塞；6- 压力计；

7- 压力指示灯；9- 止推轴承；10- 海绵；11- 试样；12- 防护罩

7. 水冲强度测试

水冲强度是指包装件在冲击振动过程中，内装液体与玻璃瓶相对运动，液体对玻璃瓶的冲击引起的破坏力。水冲破损通常在热装充液的瓶体上发生，尤其是密度较大的液体更易使瓶体产生破损。

水冲强度试验原理如图 5-17 所示。

此外，根据情况测试还包括一些防止飞散性试验、化学稳定性测试、容量检测、厚度检测、垂直轴偏差检测等。对一些特殊的玻璃容器，例如药用玻璃容器等，还需要进行清洁度等检测。

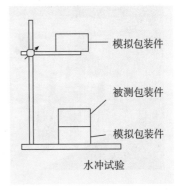

图 5-17　水冲强度试验示意

🔽 训练与测试

1. 金属包装类

教师可将学生分为每组 5~6 人，每组选定特定的金属包装，参考图 5~18、图 5~19、图 5~20 进行包装检测与评价，完成以下任务：

（1）完成金属包装设计方案（包括结构图等）。

（2）对指定的产品包装进行临摹。

（3）制定包装加工工艺流程。

（4）对金属包装质量和相关强度进行检测与评价。

（5）分小组汇报并进行互评。

图 5-18　茶叶包装

图 5-19　奶粉包装

图 5-20 啤酒包装

2. 玻璃包装类

教师可将学生分为每组 5~6 人，每组选定特定的玻璃包装，参考图 5-21、图 5-22 进行包装检测与评价，完成以下任务：

（1）完成玻璃包装设计方案（包括结构图等）。

（2）对指定的产品包装进行临摹。

（3）制定包装加工工艺流程。

（4）对玻璃容器质量和相关强度进行检测与评价。

（5）分小组汇报并进行互评。

图 5-21 化妆品包装　　　　　　　　　图 5-22 饮料包装

附录 1 印刷工艺员操作规范

一、合同、核价单的审核

1. 合同上必须有客户签字及核价员签字，并根据合同打印核价单；对合同上的工艺结合核价单进行复核，如有不合格，如数量、规格不对，材料名称有误，漏项目，合同、核价单内容不一致等，需向核价部门反映，并及时通知业务员，并做好书面记录。

2. 资格审核

①包装产品必须提供注册商标证，客户抬头与商标拥有者不符时，必须提供商标印制委托书。

②出版物需提供新闻出版局的四联单，凡超出公司经营范围的产品，有权拒绝生产。

3. 材料的确认

①凡合同上涉及的原辅材料都要逐一确认，如无库存都必须写采购单，交采购部门。

②业务员未签合同，但须预先采购材料，必须有上级领导的审批，方可写采购单。

二、胶片原版的检查

1. 检查胶片的数量

①首先应仔细清点样张及胶片是否完备。

②是否有客户签样。

③如不打样直接印刷的产品，要业务员亲自签样确认（简单的单色产品）。

2. 检查胶片的准确性

①检查胶片的平整度。

②有无划伤。

③有无脏污等。

④角线、十字线是否准确清晰，是否出现在内图内，如裁切不准确的要求晒版人员重装。

⑤胶片是单角线的必须把单角线刮去一些。

⑥胶片上有割片的，在样张上要注明，割片必须有 5mm 的白边。

⑦边框小于 2mm 的产品，需注意工艺的可靠性。

3. 检查胶片对印刷的适用性

①检查网点是否光滑整齐。

②实地密度是否符合标准。

③实地黑版下衬网是否合理。

④大面积金版下须衬 C10、M20、Y30 网线，银版下须下衬 K20 网线。

⑤检查胶片的药膜方向是否正确。

⑥专色、金、银色印刷是否与其他色冲突，有无做叠印和陷印。

4. 检查改版不打样的产品

①特别要认真仔细，并要业务员提供修改意见的详细内容。

②改版不打样的内容在样张上需注明，如发现有错误，要做好书面记录，并处理改正。

③彩色图文不允许不打样。

三、工艺检查

1. 确定产品的结构

首先对于所做的产品最终成品是一个什么样结构的产品，如单片、折页、书刊、封套、吊牌、书套、包装盒、礼品盒、台历、挂历、礼品袋等。

2. 划样

①图文是否留有出血。

②文字有无在出血以外。

③尺寸是否符合要求。

④对于书刊类产品核对每页的版心尺寸、页码位置、眉线、框线的位置是否准确统一。

⑤骑马订的产品在 24P 以上的，须注意页码及色标的位置，尤其是翻口处有色块和文字的。

⑥对于一些分切有特别要求的，在分切前应划样给切纸工。

3. 叼口、拉纸的确定

①对开折页和手风琴折页的，反面反拉纸，正面正拉纸。

②对开印刷四开折页的反面正拉纸，正面反拉纸。

③四开印刷的反面反拉纸，正面正拉纸。

④由于墨色对印刷的影响，要调整叼口与拉纸的方向。

⑤对于多帖的产品，在印样上标明帖数，要求晒版做好帖标，以便后道工序配页装订。

⑥对于模切的产品，根据印刷墨色定好叼口后，看模切产品是整张模切还是分切后模切，来确定拉纸的方向。

4. 折页的合理性

①样本折页一般 $157g/m^2$（含）纸张以下可作对开折页。

② 200g/m² （含）纸张以上做 8P 折页，但有时胶装书刊页码不多，内页 32P 纸张为 157g/m²，此时要考虑做 8P 折页，4 帖胶装；如做 16P 折页，只有 2 帖胶装出来的书，书脊不挺。

③ 12 开、24 开的书刊，此时的折页方式为手风琴式折页，再对折。

④一些小册，折页做双联或多联，这样可以提高效率。

⑤ 80g/m² 及以下纸张可考虑 32P 折页，并且第四折为反折，16 开以上可以考虑套帖。

5. 跨页的检查

①跨页是否衔接，图文跨页、色块跨页、文字跨页、线条跨页等。

②胶装产品，封二与 P1 的跨页，封三与最后 1P 的跨页，尤其要注意把关。

③封二与 P1、封三与最后 1P 有深墨色时，如实地黑、红等，在胶装处刮去 5~6mm 的墨色，增加胶装的牢度。

6. 书刊封面的检查

①封面正面与反面墨色相差较大的或数量较多且纸张较厚时，应采取正反印，因为厚纸张本身正反面有差别，如采用自翻身印刷，可能会影响产品的质量。

②胶装的封面书脊厚度是否合理，根据内页的纸张厚度及页数可以测算出封面的书脊是否合理。

③书脊上有色块且内页较多时（10cm 以上），必须以实际用纸做实样。

④胶装封面天地在纸张允许的情况下须比内心长出 2mm 以上。

⑤精装封面要考虑是否留有包口尺寸（一般在 15mm），且在书脊处装上标记，以便精装操作的精确度。

⑥精装封面的厚度采用 128~157g/m² 纸，艺术纸可略减克重，厚度差不多，便于包边。

7. 刀版线，铜版胶片的检查

①封套、吊牌、折页、盒子类的产品，要检查刀线是否准确，根据产品要求做实样。

②在模切范围内是否有不必要的角线、图文。

③产品后道工序有烫金、银、凹凸的，要检验此部分图文是否符合工艺的要求，如文字笔画的粗细、光洁度。

④荷兰版上加工的要做厚铜版。

⑤凹凸要求高的产品需做阴阳版。

⑥后加工有光泽处理的要考虑纸张是否会爆裂，纸质较松、纤维短的产品，模切时也会发生爆裂现象。

⑦大面积烫的与小文字在同一版面上时要分开烫，但大面积上有小反白字时，文字易糊掉。

⑧排刀精度高的产品，等所有工艺做完后按最终样排刀。

8. 线数的检验

①通常我们印刷的产品线数为 190lpi，另外还有 200lpi、300lpi、150lpi、130lpi 等。

②一般 200lpi、300lpi 用于高档的画册等，此类产品要特别注明，提醒晒版人员要用进口的 PS 版，提示印刷工要注意印刷的质量。

③ 150lpi 适合于双胶纸印刷，因双胶纸吸墨量较大。

④ 133lpi 以下的粗网一般用于较大的宣传画，或纸张表面特别粗糙，一般用丝网或柔性版印刷。

9. 印刷工艺的检验

① 4 色的都以 K、C、M、Y 的色序。

②如有专色或金银版要确定先印 4 色还是先印专色。

③有满版实地的要考虑是否要两印。

④二次印刷要考虑纸张伸缩、擦毛等因素。

⑤金、银卡纸、PVC、PP 等材料需 UV 印刷，注意药膜方向。

⑥有专色的产品必须提供方向性（深浅方向和色相方向）或公差样。

10. 检验印面尺寸是否符合印刷机尺寸

①印刷机为对开印刷机，纸张印刷尺寸小的可以印刷四开尺寸，最小开料为 540mm×360mm，大的可以印到小全张，最大的开料尺寸为 1020mm×720mm。

②超出印刷最大尺寸，就要考虑外发全张机上印刷。

11. 现场工艺的跟踪。

12. 整本书在穿线前的再次确认。

四、开施工单

1. 开单

①充分了解产品的制作要求方可开始施工。

②开单前首先要确认库中是否有纸张，以及相应的辅料、包装等，如没有应及时通知采购部门，不耽误产品的交货期。

③开单时对于财务打的合同要审核客户名称、产品名称、交货期、数量及代料、来料。

④对于每道工序的要求都要分别描述。

⑤写不清楚的内容注明当面交接。

2. 查施工单

①开完单子，要认真与核价单对比，复查一遍开数、联数、数量及是否漏项。印刷色序及后道工艺是否有差错，是否把合同上所有的工艺要求、内容全部反映在施工单上，有特别说明的都要在备注里写清楚，另外，印刷放张和模切的次数和每次的联数都应在施工单上注明。

②确认正确无误，把施工单、产品送入车间。

3. 与 CTP 的交接、把关

①开料尺寸与线数、曲线的交接。

②版式的确认，画好拼版图。

③在纸张允许的情况下装上信号条。

④如何做 TRAPING。

⑤做好 CTP 后，对产品进行把关，尺寸、拼版是否符合要求，是否有差错。

五、工艺的把关、确认、交接、沟通

1. 确认产品在生产过程中的可行性、可靠性。

2. 对于一些不确定的工艺：

①做打样确认。

②需生产部负责人确认。

3. 与生产车间的交接主要以施工单为主，其次为签样、实样，复杂产品要当面交接。

4. 系列产品要通单。

5. 生产部门在生产时发生签样与要求不一致时：

①及时与生产部门沟通。

②找出原因，并作处理。

③涉及印前的要做出改正方法，并与业务员沟通。

6. 在生产过程中客户要改变工艺时：

①书面形式通知相关部门。

②重新对工艺做出确认。

③对于材料、成本的重新把关。

7. 工艺跟踪：确认产品与预期效果的一致性。

六、打样产品

1. 由业务员填写打样单，工艺科长核价、签字，工艺员负责打样工艺的交接、跟踪、质量把关、打样的进度。

2. 输入打样的施工单。

3. 上机打样的产品必须由领导签字，方可操作。

4. 在打样过程中有异常情况，及时与业务员沟通。

5. 打样的产品，在生产过程中遇到的问题要与业务员沟通，以便业务员在签合同时考虑到交货期、成本效率。

6. 复杂产品打样前与生产部门或公司领导沟通确定工艺。

7. 打样前先打数码稿，根据实际情况确认工艺及拼版方式。

七、产品的跟踪

1. 合理安排工艺，并对产品进行跟踪检查。

2. 在跟踪中，积累自己的经验，更合理安排工艺，掌握工序不同难易度的损耗。

附录 2　彩盒包装材料检测标准

1. 范围

本标准规定了包装彩盒的质量技术要求、检验方法和运输、存放的各项要求。本标准适用于公司使用的所有包装彩盒材料。

2. 引用标准

GB 11680　食品包装用原纸卫生标准

3. 检验标准

3.1 质量卫生要求

3.1.1 外观要求

表面洁净平整，无褶皱破损、无污渍杂质。字体、图案应清晰、正确，无错印、漏印，无油墨污染。

3.1.2 工艺要求

a. 尺寸符合规格，偏差在允许范围内，需要装坑纸的彩盒应试装合格。

b. 彩盒黏合处应紧密牢固，无松脱裂开。

c. 彩盒材质、结构与样板或图纸一致。

3.1.3 卫生要求

应符合 GB 11680 的规定。

3.2 检测方法及缺陷分类

3.2.1 外观检测

在明亮的室内目测。

3.2.2 工艺要求检测

对照工艺文件和资料，在明亮的室内目测或使用测量工具检测。

3.2.3 卫生要求检测

检查供应商的卫生许可证、官方检验报告和每批产品的合格证。

3.2.4 缺陷分类为次要缺陷、主要缺陷、严重缺陷，按表1 的规定。

表 1

检测项目	内容描述	缺陷分类		
		次要缺陷	主要缺陷	严重缺陷
外观检测	表面严重凸凹不平			*
	表面轻微凸凹不平	*		
	表面褶皱、破损、污渍面积 ≥ 1cm²		*	

续表

检测项目	内容描述	缺陷分类		
		次要缺陷	主要缺陷	严重缺陷
工艺要求检测	表面褶皱、破损、污渍面积 < 1cm²	*		
	字体、图案印刷模糊重影 ≥ 0.5mm		*	
	字体、图案印刷模糊重影 < 0.5mm	*		
	油墨污渍 ≥ 2cm²，箱唛字体、图案少油漏底、走位 ≥ 2cm²		*	
	油墨污渍 < 2cm²，箱唛字体、图案少油漏底、走位 < 2cm²	*		
	字体、图案错印、漏印、多印			*
	彩盒图案套色不良 ≥ 2mm²		*	
	彩盒图案套色不良 < 2mm²	*		
	彩盒切边不整齐、毛边	*		
	彩盒受潮	*		
	尺寸偏差超出工艺要求，或 ≥ 2mm		*	
	尺寸偏差 < 2mm	*		
	切口、窗口、飞机孔形状、位置不对，偏差 ≥ 3mm		*	
	口、窗口、飞机孔形状、位置不对，偏差 < 3mm	*		
	彩盒黏合处松脱裂开		*	
	彩盒材质、克数与样板不一致		*	
	需要装坑纸的彩盒试装不合格		*	
	冲压模切线自行断开		*	
卫生要求检测	发现昆虫尸体、头发、小金属			*
	发现其他杂质、黑点		*	
	卫生指标不合格		*	

4. 抽样标准

每批外包装纸箱来料根据 MIL-STD-105E LEVEL 2，AQL：CR=0 MAJ=1.0 MIN=2.5 抽样标准进行随机抽样检验。如果检验不合格，则加倍抽样复检。复检不合格，该批原材料拒收。

5. 运输和贮存

5.1 运输

运输车辆须清洁、干净。严禁与有害、有毒、有异味和其他易污染物品混运。

5.2 储存

须存放在干燥、阴凉、通风、清洁的仓库。仓库应设有防潮设施。无鼠，无虫害和其他污染。存放时应与墙、天花板保持适当距离；须垫底板。

R eferences
参考文献

[1] 刘喜生.包装材料学.长春：吉林大学出版社，2004.

[2] 唐志祥.包装材料与使用包装技术.北京：化学工业出版社，1996.

[3] 郭彦峰.包装测试技术.北京：化学工业出版社，2006.

[4] 中国塑料网 http://www.cnpla.net.

[5] 百度网 http://hi.baidu.com.塑料袋的材料成本计算方法.2008.

[6] 熊伟，陈晶晶.女性护肤品纸盒包装的色彩设计.包装工程.28 卷.2007.06.

[7] 王立党，赵美宁.胡莹鸡蛋销售包装设计方案.食品科技.2006.07.

[8] 孟祥钊.塑料食品包装设计分析与评价.今日印刷.2008.01.

[9] 熊淑辉，徐翌.文字与包装设计分析.包装工程.28 卷.2007.06.

[10] 牛玖荣,商品包装设计分析与探讨.包装世界.2008.06.

[11] 邓普军.印刷估价的计算方法.今日印刷.2000.01.

[12] 唐万有.印刷品质量评价方法.印刷世界.2004.02.

[13] 苏平安.折叠纸盒全自动糊盒加工工艺探析.今日印刷.2009.02.

[14] 金钥匙工作室.40 天成为资深设计师.2006.

[15] 杨萍.折叠纸盒的精彩设计.印刷技术——包装装潢印刷.2007.05.

[16] 贾凯.折叠纸盒的工艺设计预分析在流程控制中的作用.印刷技术.2008.07.

[17] 苏平安.折叠纸盒印后加工的特点及其质量的缺陷的规避.印刷技术.2007.05.

[18] 吴艳芬.包装工艺.北京：中国轻工业出版社.2009.07.

[19] 余成发，吴鹏，吴艳芬.高速自动糊盒机胶层厚度影响因素的研究〔J〕.包装工程.2009.04.

[20] Fachkunde fuer den Verpackungsmittelmechaniker[M]. BW bildung und Wissen VerlagundSoftwarGMBH.1990.

[21] AUTOPLANTINE SP Fassonierwerkzeuge und production[M]. BOBST GMBH. 1998.

[22] AusbildungfuerStanzen[M]. Heidelberg-Postpress DeutschlandGmbH. 2006.